激发你的好奇心小宇宙

我是不白吃 著

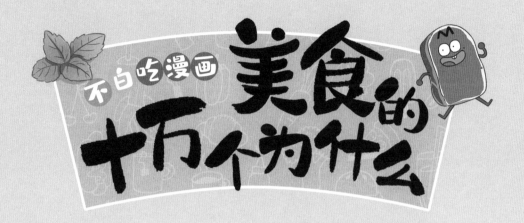

不白吃漫画 美食的十万个为什么

湖南文艺出版社
HUNAN LITERATURE AND ART PUBLISHING HOUSE
博集天卷
CS-BOOKY

目 录

第一章 美食的十万个为什么

第二章 美食的趣味历史

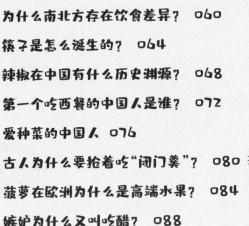

第三章 奇奇怪怪的美食冷知识

第四章 美食相关的人文常识

第五章 食品安全要知道

先有鸡还是先有蛋？

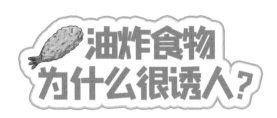

油炸食物
为什么很诱人？

为什么油炸的食物总是这么诱人？

油炸 食物

宋代时期，芝麻油在全国普及，于是人们疯狂爱上了油炸的一切食物！

这之后，油条诞生了。

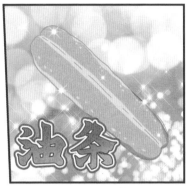

人们喜欢脆脆的口感，可能和原始人的食谱里有很多昆虫有关。

1912 年，法国化学家美拉德研究食物为什么加热更好吃，发现食物加热后会产生一种让人愉快的大分子化合物，于是这种温度的艺术被称为"美拉德反应"。

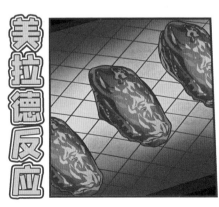

而极易发生美拉德反应的烹饪方式之一，就是高温油炸。想一想刚出锅的天妇罗、臭豆腐、大鸡排、小酥肉、炸丸子、小黄鱼有多美味！

然而，温度降下来后美拉德反应减弱，美味就会大大减分。所以如果你点的外卖送到时已经凉了……

唉，这盒饭的美拉德反应都已经结束了，你还跟我要好评吗？

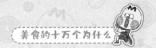

敲黑板冷知识

为什么油条都是"两两相拧"的？

你有没有好奇过，为什么油条基本都是两条面块拧在一起的？难道用一条面块不行吗？

实际上，一条面块还真的不行，因为只用一条面块的油条炸不起来！

根据炸油条师傅们多年的实践经验，他们发现用两条面块一起炸产生的膨胀效果要明显比用一条面块炸好得多。

油条在加热过程中，面块里面的膨松剂会产生很多小气泡，这样可以使油条膨胀起来。但是，在油温比较高的情况下，用一条面块的油条一下锅就硬了，来不及膨胀，而用两条面块拧在一起的油条，在下锅后，油条中间贴着的部分不接触热油，就可以持续膨胀了。这样炸出来的油条才会蓬松，才会有外酥里嫩的口感。

臭臭的食物 为什么吃起来香？

为什么人们遇到臭的食物竟然爱吃？

臭

臭豆腐、螺蛳粉、臭鳜鱼、豆汁、鲱鱼罐头我都要！

其实，爱吃臭的食物都怪我们的老祖先。

很久以前，不白吃的祖先作为原始人只能吃生肉，生肉这东西实在是太难消化了，偏偏不白吃的祖先消化能力还不太好。

大夏天的，肉没吃完，放着很快就开始变臭了。

可是不白吃的祖先饿呀！看着这块味道有点恶心，但不吃就会饿肚子的臭肉，最终还是把它吃了。

肉在适度腐烂变质后，在微生物的作用下成了更容易消化的食物，不白吃的祖先多年的消化问题大为缓解。

其实，食物的臭味大多源于发酵，发酵过程中，食物中的蛋白质会被微生物分解，产生有鲜味的氨基酸，使食物变得鲜美可口。

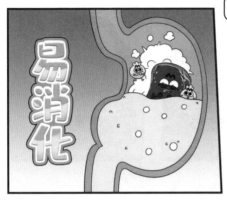

于是原始人开始流行吃腐肉和发酵食物，这个习惯流传至今，"食臭"已经变成味觉记忆写在了人类基因里。

敲黑板冷知识

中国独特的"食臭"省份

作为食臭大国，中国能把臭食吃得登峰造极的省份是哪一个呢？

当然是"三日不吃臭咸菜，脚步跑不开"的浙江了。说起吃臭食，浙江人没有怕的。浙江宁波就有著名的"宁波三臭"——臭菜心、臭冬瓜和臭苋菜梗。其中，臭苋菜梗是一种"外刚内柔"的臭食，外皮很硬，但里面却像果冻一样一吸就出来了。著名的大作家、美食家汪曾祺就是这样吃的："嘬住一头，一吸，芯肉即入口中。这是佐粥的无上妙品。"

制作臭苋菜梗最重要的就是臭卤，这是宁波臭食的灵魂。臭冬瓜、臭菜心也都是用臭卤腌制出来的，一坛上好的臭卤可以保存数十年，臭味不散，越腌越臭。任何食材，只要放进臭卤里腌制一段时间，就能变成让人欲罢不能的臭味美食！

汉堡里的肉饼为什么这么扁呢?

有一个这样的传说:生活在亚洲的鞑靼人向欧洲西迁,放眼望去,这一路上什么吃的都没有,连烧火的木柴都不充足。

于是，有人想到了一个方法！

第一步，把切好的生牛肉放在羊皮袋子里！

第二步，把羊皮袋子放在马鞍下！

第三步，跑！！

羊皮袋

在颠簸的路程中，骑手们会反复坐在生肉上，肉越压越扁、越压越碎，还越压越筋道，同时因马鞍和马背之间的摩擦力，羊皮袋内的温度也会微微升高。

压力越来越大了……

温度升高

拿出肉饼再撒满香料，这就是一种粗犷的低温料理！

原汁原味有嚼劲，说我是厨神都有人信！

随着鞑靼人一路迁徙，所到之处的人们尝到这种肉饼后都大呼好吃。之后，在今天德国汉堡地区的人们把这种碎肉饼煎烤一下，并用自己家乡的名字"汉堡"命名了这种肉饼。

1850 年，德国人第一次把汉堡肉饼带去了大西洋彼岸的美国。又过了几十年，美国人突然觉得为什么不把这种肉饼夹在面包里，做个创新的三明治呢？于是，汉堡包诞生了！

美味的汉堡包就是要和大家分享！

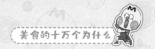

敲黑板冷知识

汉堡包为什么被说是"垃圾食品"?

　　你有没有过这样的疑惑,明明一个汉堡包中有肉、有菜、有主食,营养均衡。但是,为什么汉堡包却是妈妈口中的"垃圾食品"呢?

　　其实,汉堡包确实不太健康。

　　首先,汉堡包里的面包是精制碳水化合物,属于高 GI[①]食物,吃多了还容易导致肥胖和高血糖。

　　其次,汉堡包里虽然有蔬菜,但是通常只是几片生菜叶和西红柿片,这些远远达不到我们每餐需要摄入的蔬菜量。

　　最后,调制后的汉堡包一般还会搭配沙拉酱、芝士片等高热量的食材。

　　这样算下来,汉堡真的是可以被称为影响人体健康的"垃圾食品"了。

①即血糖生成指数,是衡量食物对血糖影响的相对指标,选择低 GI 食物有利于餐后血糖控制。——编者注

冰激凌里的香草味是怎么来的?

你有想过,香草冰激凌的香草味其实有一部分来自河狸的屁屁吗?

我是香草味的!

没想到吧?河狸屁屁竟然是香草味的!

什么?!我到底来自哪里?

香草味

这是一只河狸，它有一个屁屁。有一天这只河狸"挂"了^①，人们就把它的屁屁取下来。

借屁屁一用！

①网络词语，意为死亡。——编者注

这个屁屁有一对梨状腺囊，腺囊里有与一种黄色分泌物混合的海狸尿。这种混合物居然能够散发出一种高贵的香味，也就是海狸香。

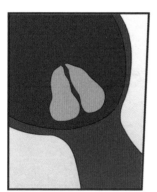

很多高端的化妆品、香水里都有这种海狸香。

这味道真迷人。

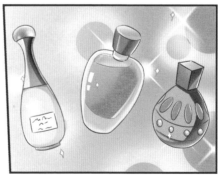

海狸香还被食品科学家开发研制成食品添加剂，也就是熟悉的"香草味"。

不过，海狸香产量稀少、价格昂贵，很少有食品真的添加。我们能够吃到的香草味，主要来自一种普遍使用且安全的人造食品添加剂——香兰素。

大名鼎鼎的"倾家荡产荚"——香荚兰

　　爱吃甜品的朋友们应该对"香草味"这个名字并不陌生，但是你们可能并没有感受过真正的香草味是什么样的。

　　真正的"香草味"是从一种名为香荚兰的种荚中提取的。香荚兰是兰科香荚兰属植物，原产于墨西哥。后来，西班牙人征服了美洲大陆，将香荚兰带回了欧洲。

　　这种"香草"的生长周期很长，需要三年才能结出种荚，一年只开一次花，每朵花只开一天，这一天中如果没有授粉，那它就不能结果，所以需要人工授粉。即使授粉成功后，它还需要九个月才能成熟。成熟的种荚又需要反复地熏蒸和曝晒三至六个月，才能变成可食用的成品香草荚。所以制作香荚兰需要四年。如此长时间的人工劳作，造就了它高昂的身价，所以，它又叫"倾家荡产荚"。

　　这下你知道它为什么那么贵了吧！

喝碳酸饮料为什么很爽？

碳酸饮料不就是将水、甜味剂、二氧化碳、食用色素等兑在一起嘛，可喝起来为什么这么爽？

18世纪，英国化学家普里斯特利，成功地在水中注入二氧化碳，做出了世界上第一瓶碳酸水。

这瓶碳酸水喝到胃里，碳酸分解成水和二氧化碳，当二氧化碳排出时会带走身体内大量的热量。

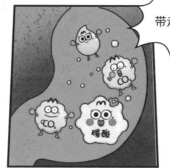

带走热量！给你降温！

透心凉的普里斯特利激动地用标准的伦敦音打了个嗝！

太——爽——了——

不过，碳酸饮料真正的爽感不只在肚子里，还在喝进嘴里的一瞬间！饮料里的二氧化碳来到嘴里，强烈的气泡激活了嘴里的一群小家伙——TRPA1蛋白质，然而这群小家伙一脸蒙……

我咋出来了？平时都是主人吃辣椒、吃芥末后，我才出来呀！

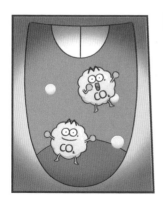

TRPA1蛋白质

于是，这群小蛋白质就开始扎你的口腔，所以伴随着冰凉密集的气泡，口腔真实感受到的是——痛！

这和"辣其实是痛觉"基本一样，但人们渐渐地把这种"冰凉的痛"叫作爽！

敲黑板冷知识

碳酸饮料喝多了有什么危害？

　　我猜，你也很喜欢"快乐肥宅①水"吧！"快乐肥宅水"也就是可乐，顾名思义，就是喝它会感到很快乐哟。可是，为什么妈妈会阻止我们呢？

　　其实，可乐这一类碳酸饮料当中往往含有丰富的碳水化合物，而碳水化合物中的糖分很高。当你咕咚咕咚一瓶冰可乐下肚，大喊一声"好爽"时，其实，喝下去的全是让你发胖的东西。过多的糖分进入体内，进而以脂肪的形式储存下来，这就引起了肥胖。

　　不仅如此，经常喝碳酸饮料还有可能导致骨质疏松。大部分的碳酸饮料中都含有磷酸，大量摄入磷酸会造成钙质的流失，这种磷酸会潜移默化地影响骨骼健康，导致骨骼发育缓慢或骨质疏松。

①网络流行语，原指那些不爱运动、体形肥胖的宅男宅女。——编者注

方便面为什么是弯的？

你知道方便面为什么是弯的吗？将其代入场景中，我们来寻找原因！

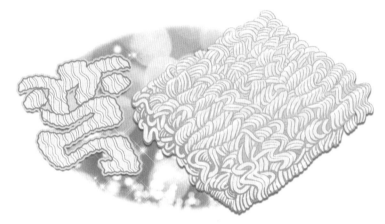

弯的和直的方便面一起开车，遇到个限高杆。结果就是弯的方便面跑了，直的方便面断了！

弯的和直的方便面一起挤早高峰的地铁。弯的方便面互相挤，很难挤碎断掉。直的方便面互相挤，弯的方便面安然无恙，直的方便面又断了！

弯的和直的方便面一起掉进海里。弯的方便面因为有缝隙，可以漂浮在海上，接触的水也更多，很快就被泡开了。直的方便面却粘在一起，沉入大海。弯的方便面泡好了，直的方便面"挂"了！

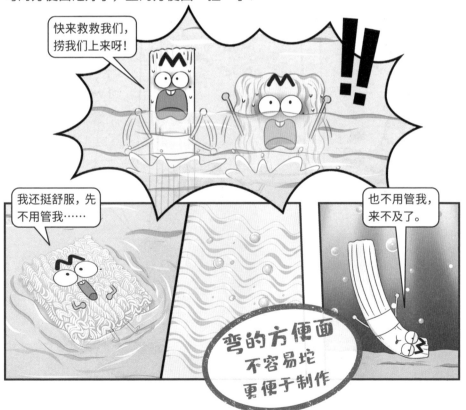

即使弯的和直的方便面都泡开了，也还是有区别——救援队的叉子赶到现场，很轻松地就捞起了弯的方便面，而直的方便面……"挂"得彻彻底底！

敲黑板冷知识

挂面的历史

你知道吗？我们常吃的挂面的历史超级悠久！面条制品更是我国的传统食品。

东汉时期，人们称面条为"煮饼""水溲饼"。魏晋时期，人们称面条为"汤饼"。南北朝时期，人们称面条为"水引"。

不过，面条真正成"条"的时期是唐宋时期，那时候称为"冷淘""温淘"，和现在的过水面差不多。

元明时期，挂面问世了，当时主要采用太阳晒干法生产挂面。中华人民共和国成立前，多为手工制作挂面，仅少数采用机械制作。中华人民共和国成立后，制面业才迅速得到发展，挂面生产线的机械化程度日益提高，室内烘干技术得到较为普遍的推广。

挂面发展到今天，品种繁多，已经成为家家户户必备的方便美食。

虫草花
到底是什么花?

凉拌菜经常吃到的虫草花,难道是冬虫夏草的脑袋上开花了吗?

虫草花

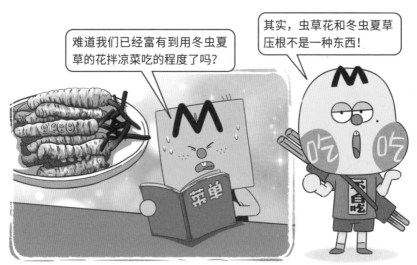

难道我们已经富有到用冬虫夏草的花拌凉菜吃的程度了吗?

其实,虫草花和冬虫夏草压根不是一种东西!

　　冬虫夏草其实是一种诡异的冬虫夏草菌。冬天，冬虫夏草菌菌丝侵入可怜的蝙蝠蛾幼虫，幼虫被虫草菌吸干了身体。到了夏天，幼虫的头部就会长出一根棕色有柄的棒状子座，形似一根野草，因而得名"冬虫夏草"，其价格比黄金还贵。

　　而虫草花同样是真菌，却是从蚕蛹中长出来的，1958年才在吉林省首次被发现。

　　科学家决定人工培育虫草花，找来一大堆蚕蛹做实验。

 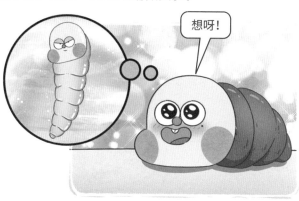

科学家开始在蚕蛹身上种虫草，但是人工培育的难度超级大，没过多久蚕蛹就都"挂"了。

机智的科学家又发现，虫草花作为真菌和蘑菇类似，既然这样，不如试着让虫草花在粮食做的培养基上生长！最后，虫草花成功地在用大米、小麦做的培养基上长了出来，没有伤害一只蚕蛹就得到了营养满满的虫草花。

敲黑板冷知识

虫草花的药用价值

虫草花不仅好吃，对身体健康也大有好处。

虫草花有止咳的作用，如果你出现感冒咳嗽的情况，这个时候就可以用虫草花来熬汤，可以起到清肺平喘的作用，对肺气肿、气管炎都有一定的疗效。

虫草花还可以缓解疲劳。对长期使用电脑的上班族来说，平时用虫草花熬汤，可以有效缓解疲劳。

不仅如此，多吃虫草花还可以美容养颜，虫草花具有抗氧化的功效，里边含有虫草多糖、超氧化物歧化酶、维生素 E 等物质，在服用之后能够有效清除人体自由基，从而起到抗衰老、美容养颜的作用。

西红柿 现在为什么变样了？

你有注意到现在的西红柿（也叫番茄）和以前的不一样了吗？可以问问爸爸妈妈哟！

西红柿，你变了！

其实，现在常见的这种西红柿和之前相比，完全是两个品种。

我就是现在常见的西红柿！

软果型

硬果型

过去我们吃的西红柿属于软果型，大多是本地城郊的农户自己种植的，西红柿成熟后，利用卡车运输几公里就到了本地的菜市场。

这样的西红柿"德智体美劳"全面发展，虽然有时候长得歪瓜裂枣，但又沙又甜，水分丰富。

不过，随着城市越来越大、超市越来越多，本地城郊的农户供不上这么大量的西红柿了，人们必须从外地运输西红柿。软果型西红柿在路上走了几百公里，被颠得皮开肉绽，到了本地菜市场，卖相实在太差，根本卖不出去。

人们急于找到一种皮硬一点，好运输，还能多储存几天的超级西红柿！终于，人们找到了硬果型西红柿。

硬果型西红柿在还未成熟时就被摘下来运输到各地。

我从青变红以后才能变甜呢！

没关系，少废话，赶紧走！

未成熟

这样的西红柿到了各大超市时成熟得刚刚好，圆润饱满又通体鲜红，瞬间被抢购一空。可是人们吃了一口之后，总是会有些疑惑。

这西红柿怎么和以前的不一样了呢？

西红柿

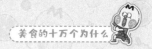

敲黑板冷知识

番茄酱最早其实是一种药！

当大口吃着蘸了番茄酱的薯条时，你可能没有想到，酸酸甜甜的番茄酱在几百年前居然是一种药！

在 19 世纪 30 年代，番茄酱可不是什么调味品，它是作为药物存在的。医学研究发现，番茄中含有的番茄红素对于某些类型的癌症具有预防效果。番茄红素还是优良的抗氧化剂，可以抑制细菌生长。不仅如此，番茄酱能够有效降低人体低密度脂蛋白胆固醇的含量，从而降低患心脏病和中风的风险。

据说，曾有一个名叫迈尔斯的杂货店店主，推出过一种名叫"迈尔斯博士的番茄复合提取物"的药丸。在他的骗局被揭发之前，他已经将这种番茄酱药丸卖给了英国超过 10 万名的用户！

相思豆为什么是红豆？

象征着思念的相思豆为什么是红豆，而不是黄豆、绿豆、黑豆？

所以，思念是什么颜色？

传说很久以前，有个男人出门打仗，思念丈夫的妻子每天站在山头，日复一日地祈祷丈夫平安回家。

请一定要平安回来啊！嘤嘤嘤！

妻子的祈祷没有感动上天，丈夫战死沙场。过于悲伤的妻子每天崩溃大哭，泪水流干之后，居然流下了鲜红的血滴。

一滴滴血泪落在地上生根发芽，长出了一棵结满朱红色豆子的相思树，于是人们把表达思念之情的朱红色豆子叫作相思豆。

但是这里的相思豆可不是逛菜市场时看到的大红豆，它是一种叫作相思子的豆科植物的种子。

虽然都是豆，但相思子种子有毒，里面有一种叫作相思子毒蛋白的物质。

一不小心吃下相思子种子，可能会腹痛难忍、呕吐不止，严重的还会呼吸困难！

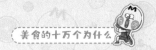

敲黑板冷知识

各种各样的绿豆汤

我们都知道绿豆汤有清热解毒、消暑益气的食疗功效，但是你知道绿豆汤也有很多款吗？

（1）苏式绿豆汤。苏式绿豆汤的主角是绿豆和糯米，苏州人还会在其中加入葡萄干、红绿丝、蜜枣等，这样的绿豆汤汤水清透，口感清凉。

（2）海带绿豆汤。海带绿豆汤是广东人从小喝到大的糖水之一。广东人会把煮好的海带绿豆汤放入冰箱中冷藏，冰镇后的海带绿豆汤喝起来冰冰凉凉，超级美味。

（3）金银绿豆汤。将金银花和甘草加入绿豆汤中煎煮。在春、夏季节，这款绿豆汤非常适合暑热心烦、咽喉肿痛的朋友们食用。

（4）荷叶绿豆汤。将荷叶碎放入锅中加水煮到绿豆开花，取汤放凉后饮用，口感清润，很适合食欲不佳的朋友们食用。

金西梅为什么没有西梅味？

你有没有在景点或者路边见过这种食物——金西梅？

走过路过，都来看看呀！

金西梅

"三高"食品

俺们这卖的可是高端水果，高颜值、高营养、高品质的"三高"食品！

于是你买了两斤，结果品尝时完全没有西梅的味道。

这是什么怪味道？

金西梅为了证明自己，去做了亲子鉴定。

啥?! 我的爸爸不是西梅，而是桃！

农民伯伯为了让桃子长得又大又甜，会把桃树上较小的桃子全部摘掉，只留下为数不多的大桃子进行精英培育。

树上的桃子怎么有大有小？

这种小的应该是长不大了……摘掉！

剩下的要好好培育！

摘掉的废桃会有人把它们收走，在小废桃上添加食品添加剂，最终加工成人造果脯。

还给它起了一个高贵的名字"金西梅"。

①人物设定的简称。现如今用来形容公众人物为自己塑造受大众或粉丝欢迎的品格、形象。——编者注

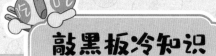

西梅和李子的异同

常常有人说，西梅和李子长得很像，吃起来味道也相近。那么，西梅到底是不是李子呢？

西梅属蔷薇科李属，中文名为欧洲李，它也被称为智利西梅、加州梅、法国黑枣等。所以，西梅虽然被称为梅，但它其实是李子中的一种。

不过，我们在超市看到的西梅和李子，还是有一点区别的。一般来说，西梅的形状是椭圆形，李子为圆形；西梅口感偏甜，李子口感偏酸。二者的果期也不同：我国引进的西梅良种，通常在每年9月成熟，李子在每年7—8月成熟。因此，它们的上市时间会有所不同。

除此之外，西梅在国内的栽培面积较小，其产地多半是在国外，比如法国西南部和美国加州，而李子的产地广泛分布在我国大部分地区。

水果为什么越来越贵?

当年买水果,不是一大箱就是一大袋,怎么现在大家反而在努力追求"水果自由"呢?

如今那些常见的水果,西瓜几十元甚至上百元一个,苹果、丑橘也要十元左右一个,连香蕉都不便宜!

这个价格我承受不了啊!

曾经早已实现的"水果自由"，现在居然成了热点话题！

再看看自己，离各种"水果自由"还有 1 万米自由泳的距离！

其实这么多年，果农出售的价格并没有特别大的增长，但城市消费者的要求确实高了很多。

　　水果要好看，一点磕碰都不能有。水果大小要一致，包装还要上档次，于是开启了各种精品水果专营店的经营模式。

　　其中的损耗、物流、房租、水电、加盟、人力、包装……各项成本加起来，水果价格自然就提上去了。

敲黑板冷知识

如何挑选水果？

你想成为挑水果的大师吗？我来教你几招，保证你能横扫各大水果店！

（1）望：好的水果一般都是大小中等，色泽均匀的。如果水果太小，可能是营养不良，发育不完全；如果水果上有碰伤、病斑，往往都是有病变或者存放的时间太久了。

（2）闻：成熟的水果会散发出特有的香味，香气越浓表示水果越甜。

（3）切：你可以用手摸一摸，判断一下果皮是否光滑。如果果皮过于粗糙，可能果肉的口感也不太好（如柑橘类）。你也可以用手轻轻压一压，判断一下成熟度，如樱桃、葡萄、莲雾等水果，硬一点的会比较好。但是，你千万不能用力捏哟，这会影响果农销售的！

西米
是什么米？

各种饮料里又萌又好吃的西米，到底是什么米？

西米

西米其实来自一种长在
太平洋岛屿的西米棕榈树。

这种树从一棵小树苗到"长大成树"需要 15 年。

成树之后的西米棕榈长出了一根粗粗的花穗，里面满满的都是淀粉，这一大堆淀粉是用来养娃的。

花穗开始结果，果子就开始吸收这一大堆淀粉作为营养。一直到吸光淀粉后，果子也就成熟了。

美食的十万个为什么

然后西米棕榈树也就"挂"了。但是，西米棕榈果既不好吃，又没啥靠谱的利用价值，干啥啥不行，啃老①第一名！

①指年轻人已有谋生能力，但仍然依靠父母生活，这样的人被称为"啃老族"。——编者注

为了让可怜的西米棕榈树不再遇到这样的惨剧，人们在它的果子还没长大的时候，就把这根充满淀粉的花穗砍下来。

人们取出里面的木髓磨成粉，多次洗涤后就成了西米粉，再把它做成球状，这就是西米。

但是我们吃到的西米，里面的淀粉很有可能不是来自太平洋岛屿的西米棕榈树，而是木薯。

木薯粉成本相对更低，糊化后显得透明，卖相更好。

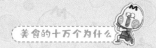

敲黑板冷知识

西米的功效

　　西米是一种具有一定的滋补功效的食材。它可以提高脾胃的消化功能，脾胃虚弱的人群、消化不良的人群都适合食用。

　　西米含有丰富的植物蛋白，这些植物蛋白进入人体后也可以直接转变成人体所需要的一种氨基酸，它们能为免疫球蛋白的合成提供能量，可以提高人体的免疫力。

　　西米还有美容养颜的作用。西米中含有蛋白质、脂肪、B 族维生素等营养成分，这些物质被人体吸收以后，可以加快皮肤代谢，提高皮肤的润泽度。对爱漂亮的朋友们来说，适当吃一些西米对改善皮肤状态有一定的帮助。

一块肉为什么能炖出老和嫩？

为什么一块肉有人炖得鲜嫩、有人炖得软烂、有人炖得能把假牙硌掉？

我这牙口，一试就知道炖得嫩不嫩！

一块肉能不能炖得嫩，重点在温度。

肉中的水分占肉的重量的70%—80%。但使劲挤一块肉却挤不出多少水，因为水都被锁在了肌肉内的一束束肌原纤维里了。

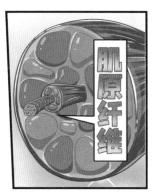

肉的温度一旦上升，肌原纤维里的蛋白就会失去活性，这叫作蛋白变性。

蛋白失去活性后，肌原纤维间的储水空间也跟着变小了。温度越高，水分流失越多，肉自然就不那么嫩。

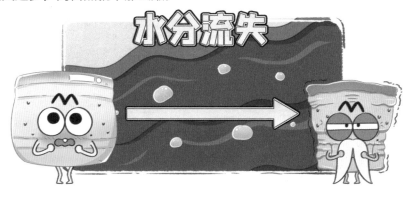

那不对呀！为啥我妈炖肉，越炖越烂糊啊？

在两种情况下肉越炖越烂糊，一是专业大厨温度控制得相当好，让肉的水分流失得极少。

全凭技巧！

二是炖了太长时间，肉里的肉筋逐渐溶解成了明胶，明胶代替了流失的水，这才让口感很柴变回了口感滑嫩。但是如果继续加热，明胶也有被榨干的时候，肉又会变硬。

所以一块肉的烹饪过程是先嫩后老再烂糊，继续加热，小心硌掉牙！

明胶

吃 吃

敲黑板冷知识

肉更有营养还是肉汤更有营养？

你是不是经常听到这个说法，炖肉一定得喝汤，因为肉汤比肉更有营养。

其实，这个说法是不科学的。

事实上，无论是什么汤，哪怕是慢慢熬煮很久的浓汤，其中也只有少量的氨基酸、维生素、矿物质以及脂肪，汤中的蛋白质含量只有 6%–15%，绝大多数的营养素其实仍在肉里面。因此，肉比肉汤更有营养。所以，炖肉一定要吃肉，不能只喝汤。有些人靠喝汤来减肥，但是汤中营养素的种类和含量很少，长期喝汤不吃肉，很容易导致营养不良，而且像排骨汤这类肉汤，汤中含有很多脂肪，多喝汤不仅起不到减肥效果，反而容易长胖。

为什么这些食材无缘奥运菜谱?

胡椒、花椒、香叶、桂皮和山药很难过,因为它们无缘进入奥运香料单和菜谱。

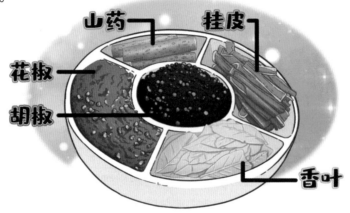

这些食材里都含有食源性兴奋剂。

我们是无辜的!嘤嘤嘤!

食源性兴奋剂

上述食材中含有名为"去甲乌药碱"的生物碱，该成分属于一种叫 β_2 激动剂的兴奋剂，会让人气道扩张，心率加快。

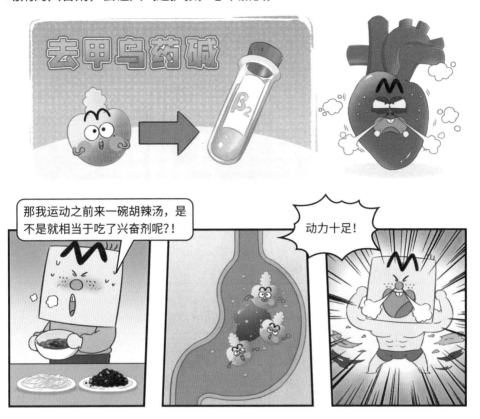

其实一斤胡椒里的去甲乌药碱含量还不到 1 毫克，作用几乎没有，而且真要让该兴奋剂发挥作用，必须长期大量食用。

虽然吃一点这些食材对提升运动成绩没有太大影响，但我们对待兴奋剂的态度就应该是零出现，零容忍，拿干净金牌！

有道德地追求人类卓越，这才叫体育精神！

可是没了胡椒、花椒、香叶……中餐的灵魂就没了呀！运动员们还能吃得香吗？

你可太小看我们中餐大厨了，让我们看看运动员们能吃到什么。

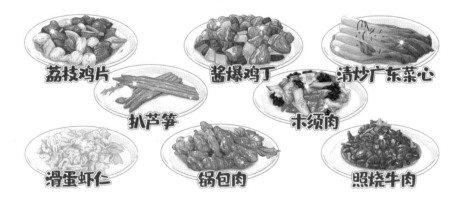

荔枝鸡片　　酱爆鸡丁　　清炒广东菜心

扒芦笋　　木须肉

滑蛋虾仁　　锅包肉　　照烧牛肉

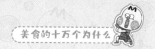

敲黑板冷知识

古代运动员吃什么？

不仅现在的运动员需要控制饮食，古代的运动员也需要控制饮食哟！

对古希腊人来说，奥运会是一项十分神圣的活动，所以每一个参赛运动员都会精心准备。在训练期间，运动员都被禁止吃肉，只能吃些枣类、新鲜的干酪、无花果、菜汤、粟谷之类。据说，当时的短跑和摔跤选手一天要吃五顿饭，这五餐各不重样而且营养丰富。他们的早餐通常包括一杯蜂蜜酒和一杯羊奶，然后吃三四个新鲜水果、两片甜面包和三匙羹蜂蜜。午餐主要是一份与牛奶或奶酪拌着吃的豆粉和一份沙拉，沙拉里有莴苣、黄瓜、芹菜、葡萄干、石榴和粗制羊奶酪。是不是看上去还不错？

为什么南北方存在饮食差异？

不白吃身边南方和北方的朋友总喜欢讨论饮食习惯上的不同。

我们北方人爱吃面食，一般都口味重，炒菜喜欢多放盐。

我们南方人口味轻，爱喝些汤汤水水，菜里还爱加点糖。

南北方饮食差异中最出名的要数"甜咸之争"了。

这是我们北方的五仁月饼，超甜的！

这是我们南方的蛋黄月饼，咸咸的！

我知道了！南方人爱吃咸的，北方人喜欢吃甜的！

不白吃，我们去吃豆腐脑儿吧！咸咸的卤汁倍儿香！

什么？我们南方的豆腐脑儿都会淋上糖，甜的才好吃呀！

你们到底喜欢吃甜还是吃咸啊？！

大家通过一起吃南方菜，能够很直观地看到南北饮食差异。

南方菜

美食的十万个为什么

我国南北方地理位置、气候特征、历史文化等方面的不同，都是造成南北方饮食存在显著差异的重要原因。

你身边听到的南北饮食差异有哪些呢？

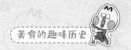

敲黑板冷知识

黍米和糯米

南方与北方同样吃"糯叽叽"的食物，但两者选用的食材还是有一些差别的。

南方地区常用糯米制作黏食，而北方地区常用的是黍米。黍米又称"大黄米"，北方地区的传统面点"黄米凉糕"就是用它制作而成。黍是我国最早驯化的作物之一，在河南新郑裴李岗和甘肃秦安大地湾就发现过碳化的黍。黍耐寒、耐旱、耐贫瘠，生长期短，煮熟后口感黏黏的，食用后饱腹感很强，曾经是古代中原地区的主要粮食作物。连孔子都认为黍是"五谷之长"。

我们端午节常吃的粽子在古代也是用黍米制作的，被称为"角黍"。直到糯米传入北方，黍米才逐渐被取代。但是，现在仍然有一些北方地区的朋友在端午节吃黍米粽。

筷子是怎么诞生的？

中华饮食文化的灵魂——筷子，到底是怎么诞生的？

很久很久以前，不白吃的祖先不白猴就知道用木棍扎食物吃很靠谱。

直到先秦时期，为了能从又大又深的鼎里取出食物，出现了长长的、成对的、夹菜的工具，叫作"梜 (jiā)"。

但那时候普通人只能吃粗粮，没有那么多美食可以夹，就连孔子他老人家，都是和学生们一起用手抓饭。

到了南北朝时期，大铁锅和榨油技术的普及让老百姓终于吃上了炒菜。

不过试想一下用手抓着炒菜吃,比如这盘鱼香肉丝,真是又烫又油又恶心!

唐宋时期,人们逐渐从过去各吃各的分餐制,变成了大家一起吃一桌菜。再上手抓显然不合适,于是文明卫生又方便的"箸"就流行了起来。

其实从秦汉时起,箸就已经出现,但它只是用来辅助勺子的。所以直到如今韩餐仍然保持"勺子为主,筷子为辅"的搭配形式。

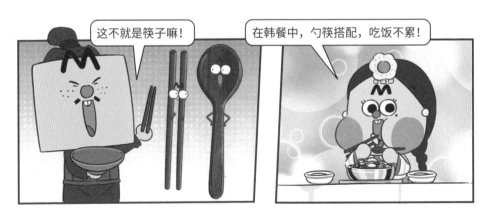

敲黑板冷知识

西餐所用的刀叉，其实也是中国人发明的

众所周知，中国人喜欢用筷子吃饭，而西方人喜欢用刀叉吃饭，所以很多人理所当然地以为刀叉是西方人发明的，其实不然，最早使用刀叉的并不是欧洲人，而是我们中国人。

早在先秦时期，刀叉就已经出现了。商代的墓葬出土的文物表明商代时两齿餐叉已经成为一种餐具，我国对刀叉的使用一直持续到宋元时期，直到被筷子逐渐取代。而西方使用刀叉的历史很短，17 世纪末，英国上流社会才开始流行使用三齿叉。18 世纪才有了四个叉尖的叉子，餐叉逐渐形成了现在的样式，成为西餐的主要餐具。

辣椒在中国有什么历史渊源？

想当年哥伦布从美洲把辣椒带回西班牙，那时候辣椒最早被当成了药。

明朝万历年间，辣椒又传到了中国，中国最早记载辣椒的文章翻译过来就是"番邦的椒长白花，果子像秃笔头，红红的，真好看"，于是辣椒成了观赏植物。

转眼到了康熙年间，中国人才第一次吃到辣椒是个啥味儿。但最早吃辣椒的不是湖南人、四川人，而是贵州人。

贵州人才是最先吃辣椒的！

在那个时代，老百姓没有那么多菜可吃，大多是酱配饭，因此盐必不可少。沿海地区有虾酱海盐，其他地区有河运盐，都不愁。

有酱下饭就很不错！

沿海不缺盐！

河运能运盐！

唯独贵州这里不产盐，山路还陡峭，盐就卖得无敌贵！

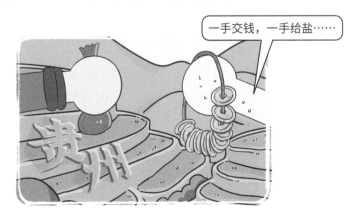

一手交钱，一手给盐……

所以贵州人在做酱料的时候放不起盐，就试了试辣椒。拯救银河系美食的辣酱就此诞生！

吃辣椒之后，其中所含的辣椒素会刺激舌头、嘴部的末梢神经，分泌唾液、汗液，心跳加速，肠胃加倍工作，同时释放内啡肽，因此感到轻松兴奋，所以会吃辣上瘾。

敲黑板冷知识

在辣椒传入中国之前，
中国人想吃辣怎么办？

    唐代大诗人王维在《九月九日忆山东兄弟》中写道："遥知兄弟登高处，遍插茱萸少一人。"茱萸是重阳节时人们经常佩戴的一种植物。但是你知道吗？在辣椒传入我国之前，茱萸是我国最主要的辣味调味品之一！

    茱萸在我国分布很广，一般分为三种，分别是山茱萸、吴茱萸和食茱萸。山茱萸是山茱萸科植物，其枝叶和果实没有太大气味；吴茱萸是芸香科植物；食茱萸是芸香科另一种植物，俗称"椿叶花椒"。吴茱萸和食茱萸的枝叶和果实都有浓烈的气味，特别是果实，入口极辛辣。所以吴茱萸和食茱萸自然成了我国重要的辣味调味品，是六味中"辣"的主要来源。但由于茱萸多为野生，采摘不易，所以在明朝辣椒传入我国之后，茱萸就逐渐被抛弃了。

第一个吃西餐的中国人是谁？

现在中国人吃西餐习以为常。在最早的书面记载中，西餐可不是这么容易被接受的。

> 谁是中国第一个吃西餐的人呢？

1831 年，一个叫罗永的广州人参观洋人的饭局，但是世界观被颠覆的罗永一口西餐也没吃。

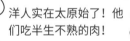

> 洋人实在太原始了！他们吃半生不熟的肉！

> 还吃一种臭烘烘的、绿色的酸水牛奶的混合物，好像叫作乳酪。

> 喝一种橙黄色液体，这东西会冒出泡沫，溢出杯子后，会弄脏我的衣服，据说这东西叫作啤酒。

1866 年，在洋务派设立的京师同文馆毕业的东北小伙张德彝 (yí) 和另外两个学生一起，被派往欧洲游历，历时一百多天。

周围全是洋人，张德彝也必须开始吃西餐。

张德彝所吃的西式大餐极其丰富，餐后还有水果、"加非""炒扣来"。

美食的十万个为什么

虽然听起来不错，可张德彝还是接受不了西餐的味道。

慢慢适应了西餐的张德彝，一生走遍世界各地，最早把西方的标点符号传到中国，是第一个进入埃及金字塔，首次把美国总统府翻译成白宫的中国人。

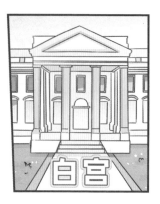

张德彝让当时闭塞的国人睁开眼，看到了世界！

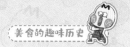

敲黑板冷知识

西餐为什么有那么多讲究？

　　第一次吃西餐的人多多少少都会有些紧张，生怕自己哪一步做错了坏了规矩。许多人说，一顿饭吃下来，肚子没填饱，盘子碟子倒是换了一波又一波。为什么西餐有这么多讲究呢？

　　其实，早期西方贵族吃饭没那么多礼节，一般认为西餐礼仪从意大利开始，由法国人发扬光大。一位名叫弗朗索瓦·皮埃尔的厨师出版了《弗朗索瓦大厨》一书，第一次对法餐进行了总结。贵族也对餐厅装潢、餐桌摆台、餐具等越来越讲究，法式大餐也已经有了一套成熟的就餐礼仪。渐渐地，便形成了现在这么"讲究"的西餐就餐礼仪体系。

爱种菜的中国人

要说中国人有什么天赋，种菜绝对是其中一个。在中国人的眼里，家里的阳台、楼顶天台，这些地方都能种菜。在花盆、泡沫盒、饮料瓶、塑料管里种菜是常规操作。

位于中国南海的三沙永兴岛，原本是一座珊瑚岛，到处都是沙子，没有一点泥土，在这里驻守的战士们常常遭遇吃菜困难的情况。

什么时候能吃上一口蔬菜呀？

最开始，战士们像蚂蚁搬家一样，从陆地运来泥土开辟出一块块"巴掌菜地"。后来，国家为这里引入了多种智能栽培技术，成功将沙地改造成适合蔬菜成长的沃土，半亩地就能收获 1500 多斤蔬菜。

在中国南极科考站，科考队员在站内搭建了高科技大棚。极地有极夜现象，那就用人工照明系统。没有土壤，就无土栽培。温度、湿度全部由智能系统控制，没多久，南极科考站的温室就变成绿油油的一片。

中国科考站的伙食成了全南极最好的！

在非洲南苏丹，中国维和部队建立起了蓝盔农场，还把东方种菜秘诀传授给当地人。

在太空，中国航天员也当起了菜农，研究在太空种菜。看来，去火星种菜也就是时间问题了。

中国菜园在各地焕发勃勃生机的背后，正是普通中国人血液里流淌的自力更生、勤劳奋斗的精神，更少不了国家对农业科技的一贯重视和一代代科研人员的努力。愿每一个勤劳付出的人都能享受丰收的喜悦！

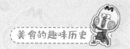

一年四季适合种什么菜

　　春季（3—5月）适合种植韭菜、苋菜、西红柿、苦瓜、丝瓜等蔬菜，夏季（6—8月）适合种植黄瓜、花菜、油麦菜、冬瓜、辣椒等蔬菜，秋季（9—11月）适合种植白菜、菠菜、芹菜、豇豆等蔬菜，冬季（12月至下一年2月）适合种植芥菜、香菜、胡萝卜等蔬菜。

　　值得注意的是，在同一块地上连年种植一种作物被称为连作，又叫重茬。隔年种植同一种作物被称为迎茬。二者都会导致减产。因此，要想让农作物丰收，必须实行轮作。一般来说，同一个科的蔬菜不适合轮作，比如西红柿和辣椒都属于茄科，就不适合轮作。

古人为什么要抢着吃"闭门羹"?

你知道"闭门羹"到底是个什么"羹"吗?

相传在唐朝时,宣城有一个女孩名叫史凤,她既有颜值又有才华,于是吸引了许多人慕名前来拜访。

但想见史凤大美女可没那么容易，史凤给前来拜访的人立下规矩。

谁能创作出最有文采的诗，谁就能进门！

作不出来的也不能让他白来，我就把咱家快过期的鸭肠和豆腐渣做成汤羹，赏给他们吧！

于是拜访者们绞尽脑汁开始作诗。

见你要经几道门，最难一关是我们！

我舅总是掉坑里，因为我舅（就）喜欢泥（你）！

鲨鱼昏倒好漂漂，想和你拍昏鲨（婚纱）照！

这叫诗吗？什么乱七八糟的呀！

美食的十万个为什么

这些拜访者成功地用"烂哏"①换来了"鸭肠豆腐渣羹"。可是史凤没想到，拜访者们爱上了这美味的闭门羹。

①网络用语，指一些由于无聊、谐音字、逻辑等问题，较难引人发笑的题材或桥段。——编者注

史凤门外的人越来越多，甚至有很多人是专门来吃闭门羹的。"闭门羹"一词流传至今，让人吃闭门羹演变为拒不见客的意思。

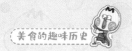

东坡羹

羹在古代就是一种汤食。古人爱吃羹，比如大诗人苏东坡，就自创了一道著名的"东坡羹"。

苏东坡在《东坡羹颂（并引）》中说："东坡羹，盖东坡居士所煮菜羹也。不用鱼肉五味，有自然之甘。"并且还分享了菜谱。简单来说，就是白菜萝卜汤，但是对火候和食材比较讲究。也可以把蔬菜换成别的，这样就诞生了不同版本的"东坡羹"。

大诗人陆游就很喜欢东坡羹，他在《食荠糁甚美盖蜀人所谓东坡羹也》中说："荠糁芳甘妙绝伦，啜来恍若在峨岷。莼羹下豉知难敌，牛乳抨酥亦未珍。"其所指的就是东坡羹的其中一个版本——"荠糁"，类似荠菜粥。

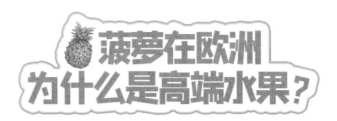 菠萝在欧洲为什么是高端水果？

如果有一天穿越回 17 世纪的欧洲，一定要带的不是金子而是菠萝！

带上菠萝，走遍欧洲都不怕！

1496 年，哥伦布从南美洲把菠萝带回了欧洲，在那个制糖技术落后的年代，菠萝这么甜的水果瞬间成了欧洲贵族吃货的挚爱。

世界上怎么会有这么好吃的水果！

但欧洲的气候不适合菠萝生长，想吃就必须从海外航运。而当时的航运技术不先进，菠萝运到欧洲时几乎就都烂了。

所以当时的欧洲人能够吃上一个菠萝，简直是人生中最重大的事情。1675 年，英国国王查理二世收到了一个菠萝，他立刻请来画师，让画师为自己和菠萝画了一幅画，而画面的中央居然是菠萝。

据说，当时一个菠萝的价格相当于现在的 4 万多元。

于是商人们看到了商机，创立了专门租赁菠萝的公司。贵族们斥巨资租菠萝几个小时，宴会时摆在餐桌中央，真是倍儿有面子！

约翰爵士，如果宴会可以摆上我们的菠萝，那简直是高贵无比！一小时只要666个金币。

菠萝万岁！

宴会结束后还是要还回去的。

我的挚爱——菠萝！不要离开我！！

最离谱的是，当时中国是世界上最富裕的国家，所以欧洲人就一直认为，象征富有的菠萝一定和中国有一点关系，菠萝图案的设计被认为具有中国风。

哦！你这身充满中国风的衣服真是太高贵了！

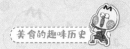

敲黑板冷知识

为什么菠萝吃多了舌头会疼？

我们吃菠萝的时候舌头会有疼痛感，这到底是为什么呢？

引起这种现象的原因是菠萝中富含一种叫"菠萝蛋白酶"的酶，这种酶会跟蛋白质发生化学反应，从而分解蛋白质。也就是说，你在吃菠萝的时候，不仅仅是你吃菠萝，这种菠萝蛋白酶也在"吃"你！

但是如果你已经吃完菠萝，舌头已经开始痛了，别急，教你一个小妙招：可以含一口酸奶，这样菠萝蛋白酶就会转移目标去吃酸奶中的蛋白质，不吃你啦。

不过呢，菠萝蛋白酶也是一种蛋白质，遇到高温就会失去活性，所以如果你爱吃菠萝又不想舌头痛，不妨试试把菠萝煮熟了再吃。至于口感嘛，肯定就没那么好了。

爱情里面的嫉妒之情又被叫作"吃醋",这是为什么呢?

早在 1000 多年前的唐朝,唐太宗李世民有一重臣房玄龄,深受重用。在封建社会,男性的社会地位越高,往往就可以拥有更多妾室。唐太宗为了笼络房玄龄,就想为他纳妾,让他对自己心服口服,感恩戴德!

老房,朕听说你只有一位妻子,不如朕送你几位美妾如何?

于是李世民把房玄龄的老婆卢氏叫到宫里。

哎！房夫人难道是独眼海盗？

回皇上，我与房玄龄年少时就结为夫妻，但结婚不久房玄龄生了一场大病，几乎快要死了，他劝我不必守寡，早日改嫁……

卢氏

但我立下誓言此生只做他房玄龄的妻子，于是我刺伤自己的一只眼睛以示忠贞！

危险行为
请勿模仿

你太狠了吧！朕要赐给房玄龄小姐姐，你岂敢阻拦！

哼！皇上要执意破坏我们的家庭，得从我身上踏过去！

大胆！今有一杯毒酒，你要么同意，要么就喝下毒酒！

既然如此！那我就干了这杯毒酒！

从此，爱情里面的嫉妒之情就被称为吃醋，直到如今。

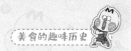

敲黑板冷知识

醋和酒几千年前其实是一家！

有这样一个说法：会酿酒的不一定会酿醋，但会酿醋的肯定会酿酒。这句话说明了一个事实：酒醋同源，酒是醋的爸爸，醋是酒的儿子。

醋，在古代又名"苦酒"，其实最初就是放坏了的酒。南朝医学家陶弘景说："酢（cù）酒为用，无所不入，愈久愈良。以有苦味，俗呼苦酒。"

醋在英文中称为 vinegar，来源于法文 vinaigre，意思是酒发酸的产物。由此可知，"醋"这个词的本义就是指酸败的酒。中国古代"酉"即"酒"，"酉"再经过"昔"日的行走就变成了"醋"。因此，中国也有了"酉"经廿一日而成"醋"的说法。东西方的文字在对醋的表述上不谋而合。

鸡屁股
可以吃吗？

鸡屁股真的是一道被名字耽误了的神仙美食！

我们这儿叫它"七里香"！

别名"鸡美丽"！

听说还叫"鸡牡丹"！

其实鸡屁股并不是鸡排便的地方，而是尾椎上的三角臀尖。三角臀尖虽然出身不好，却是鸡全身唯一一块饱满的大肥肉。

经过严格处理后的鸡屁股，是可以品尝一下的。一口油脂包着脆骨，吃起来口感简直无敌！

2000 多年前，吕不韦他老人家就曾在《吕氏春秋》里赞美过鸡屁股。

肉之美者，鸡屁股也。①

①原文为"隽觾之翠"，意思是燃鸟的尾巴肉。——编者注

日本人不甘示弱，他们认为鸡屁股真正的吃法，应该是"鸡屁股刺身"。

鸡屁股的吃法是……

东南亚的文莱人对鸡屁股的热爱更加疯狂。

鸡屁股是俺们的国民美食，多亏国王专门在澳大利亚买了一大块地养鸡！

全国实现"鸡屁股自由"！

敲黑板冷知识

羊尾油

　　鸡有鸡屁股，羊有羊尾油。

　　羊尾油顾名思义，就是羊尾巴附近的脂肪组织。羊屁股后面有一个圆鼓鼓的包，实际上这个就是羊尾油。羊尾油是一个半球状的油脂团，是羊身上最厚的油。

　　羊尾油可以说是羊全身膻味最大的一个部位，据说吃上一口，膻味在嘴巴里三天都不散。但是在新疆有一种"大尾巴羊"——阿勒泰大尾羊，它身上的羊尾油非常香，这种羊也是全国闻名的优良品种。

　　羊尾油最经典的一种吃法就是涮火锅，很多涮羊肉店都有切得薄薄的羊尾油片。它并不是让你吃的，而是放到汤锅中煮。煮化的羊尾油味道香醇，用这种肥汤锅涮的肉和菜也会更加好吃。

老母鸡身体里的小蛋黄是什么？

买老母鸡的时候有没有发现，老母鸡身体里总有像蛋黄的小鸡蛋，这东西到底是什么？

这种看起来像蛋黄的东西，其实就是还没变成鸡蛋的蛋黄。

这东西看着好新奇，没见过呀！

没想到，咱们都是蛋黄。

老母鸡的身体里有卵巢，它的肝脏会分泌出一定的营养成分，这些营养成分来到卵巢，就慢慢积累成了一个个满满都是卵黄的卵泡。

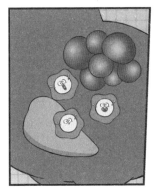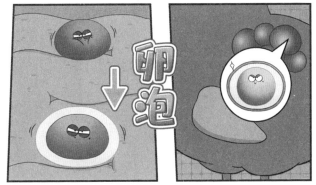

如果这些卵黄继续生长，就会包裹上蛋白，再生长出蛋壳，变成了一个个大鸡蛋。

带壳闪亮登场！

但吃货们往往不仅要吃鸡蛋，还想把鸡也吃了。于是老母鸡身体里长在卵巢边的卵泡，就成了鸡肚子里的"小鸡蛋"。

这简直就是活生生的杀鸡取卵哪！

最痴迷卵泡的其实是日本。日本烧烤主要烤鸡肉，人们称其为烧鸟，而烧鸟中最高端的美味就是"提灯"。

"提灯"就是把鸡的卵巢、输卵管和上面的卵泡都烤了，看起来像是提着一盏灯，于是起名"提灯"。"提灯"一定要一口吃下去，然后享受卵泡在嘴里爆浆的爽感！

真是起名小天才呢！

敲黑板冷知识

毛蛋和活珠子的区别

　　除了提灯，鸡蛋还有两种形态很受吃货欢迎——毛蛋和活珠子，这两样美食，爱的人爱得不行，讨厌的人看都不敢看！

　　活珠子指的是孵化二十天左右的鸡蛋。因为其发育中囊胚在透视状态下好像一颗活动的珍珠，所以被称为"活珠子"。煮熟后吃起来味道十分鲜美，是南京特产。

　　毛蛋又名旺鸡蛋、鸡仔蛋、毛鸡蛋等，是指鸡蛋在孵化过程中受到干扰，导致鸡胚胎发育停止，死在蛋壳内尚未成熟的小鸡。毛蛋味道不如活珠子鲜美，但是烤着吃也是喷喷香的，营养价值很高。

土鸡蛋和普通鸡蛋有什么区别？

站在鸡蛋鄙视链顶端的土鸡蛋，是不是真的那么有营养？

土鸡蛋当然有营养了！

鸡蛋要想补，必须得姓土！
鸡蛋要想强，表面得有翔[1]！

①网络用语，是"屎"的代称。——编者注

土鸡蛋也叫柴鸡蛋，就是农家散养，吃虫子、青草的老母鸡下的蛋。

土鸡蛋的蛋黄那叫一个大，看起来就很有营养。而普通鸡蛋是大型养鸡场标准化饲养的鸡下的蛋，蛋黄颜色浅。

农家土鸡蛋脂肪含量高，吃起来确实更香。

因为大型标准化养鸡场有更科学的配方饲料，普通鸡蛋中钙、铁、镁等矿物质的含量更高。

鸡蛋已经可以傲视绝大部分食物了，而带壳水煮蛋又可以傲视荷包蛋、煎蛋、蒸蛋、蛋花汤、炒鸡蛋等其他鸡蛋的做法！

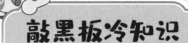

敲黑板冷知识

如何保存鸡蛋

刚买回来的鸡蛋，记住千万不要清洗！

鸡蛋表面会带有一种超级可怕的细菌——沙门氏菌，这种细菌是细菌性食物中毒事件的罪魁祸首。一旦清洗鸡蛋，蛋壳表面的沙门氏菌就很容易被洗得到处都是，而不洗鸡蛋可以保证蛋壳上的保护膜不被破坏，这样沙门氏菌就不会进入到鸡蛋里面。

不仅如此，鸡蛋还应和其他食物分开存放，将鸡蛋放在专用的盒子或袋子中，以避免其他食品被沙门氏菌污染。另外，摸过鸡蛋壳、鸡蛋液后一定要洗手，以防沙门氏菌趁虚而入。

不过，想要杀死沙门氏菌有个最简单的方法，就是把鸡蛋做熟。因为沙门氏菌怕高温，所以爱吃溏心蛋的朋友要注意了，最好买无菌蛋，否则鸡蛋不煮熟很容易食物中毒。

鸭梨和鸭子有什么关系？

你有没有想过，鸭梨和鸭子到底有什么关系？

鸭梨

大约 3000 年前，中国人就已经开始种植梨子，那时候人们认为梨是所有水果的祖宗，而且是所有水果中最高雅的存在。

尊贵的梨老爷，您喝茶！

高雅

汉朝时期，手拿一个梨好比今天手戴一块名牌手表，拥有一棵梨树就是富裕的象征，拥有一千棵梨树就已经是千户侯了！

因为梨子太高雅，当时的国人去印度做生意都带着梨子。印度国王称梨子为"汉王子"，满满的尊重，就差给梨子行大礼了。

唐玄宗李隆基在梨园设置了中国历史上第一个音乐、戏曲培训场所，并以"梨园"命名。所以，如今国粹戏曲行业被称为"梨园行"。

这么高雅的水果，古人就称它为"雅梨"。

不过雅梨的形状与鸭头相近，"雅"与"鸭"的发音也相近，于是逐渐演变为鸭梨。

敲黑板冷知识

唐朝的梨居然不可以生吃

唐朝人也很喜欢吃梨，但是他们吃梨从不直接生吃，而是要蒸熟了再吃。

唐朝有一首诗这样写道："田家老翁无可作，昼甑蒸梨香漠漠。"由此可知，在当时，平民百姓也习惯把梨蒸一蒸再吃。除了蒸着吃，唐朝人还把梨子烧烤着吃，当然不是撒孜然辣椒面那种烧烤，而是叫"炉端烧梨"，也就是用炉火把梨子烧熟了吃。

我们现在也会把梨煮成糖水，或做成烤梨来吃，这样做出来的熟梨可以很好地起到止咳化痰的功效。可能聪明又会吃的唐朝人也是发现蒸熟的梨吃下去更舒服，才养成了吃蒸梨的习惯。

猜猜恐龙肉是什么味道？

想知道恐龙肉是什么味道吗？

人类，你是真敢想！

恐龙

虽然恐龙已经灭绝 6500 万年了，但它们却留下了一个亲戚——鸟（某些恐龙与鸟类有亲缘关系）。

恐龙和我多少沾点亲。

不过，霸王龙的亲戚可不是鸟，它的亲戚是鸡。霸王龙和一只鸡的关系，可能比和同属爬行动物的鳄鱼的关系近多了。

一直以为霸王龙凶猛，实际上它很有可能是这样的……

如果做一个换算，一只霸王龙可能 80% 像鸡，20% 像鳄鱼。但人工饲养的食用鳄鱼的味道，可能就是 60% 的鸡肉味再加 40% 的鱼肉味。

这么说来，霸王龙的味道应该就是巨型鸡肉味再加上一点鱼肉的鲜嫩感。

我要复刻一下恐龙肉的味道！哈哈哈！

所以恐龙的脚就似大号的凤爪，恐龙的大腿就似大号的炸鸡腿，恐龙的小胸口就似超级鸡胸肉，恐龙的脖子就似美味的红烧鸡脖子。

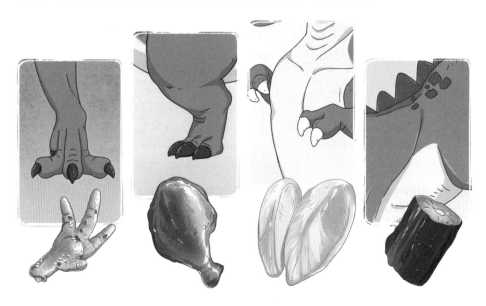

敲黑板冷知识

猛犸象是什么味道？

你敢相信吗？真的有人吃过猛犸象的肉！

1951 年，纽约罗斯福大酒店举办了一场特殊的盛宴，举办方是"探险者俱乐部"，这场盛宴有一个菜就是烹制从冰层中找到的猛犸象！这件事在当时引起巨大轰动。

不过，猛犸象的味道可能不如恐龙肉那么好，尝过猛犸象肉的人称，猛犸象"难吃，粗糙，有怪味"。因为肉质和时间太久的关系，猛犸象肉口感柴，难以咀嚼，还有股土腥味，其"味道就如同冻了半年的牛肉，煎到十二分熟，再加两勺沙子"。

沙漠西瓜为什么有毒?

若是在沙漠中见到这种诱人的沙漠西瓜,不要靠近触碰,更不能食用!

沙漠西瓜,学名药西瓜,虽然看起来和西瓜很像,但却是有毒的。

这种瓜没见过,可以吃一口尝尝吗?

快停下!这是吃了之后能把你毒翻的沙漠西瓜。

药西瓜和西瓜还真有一些亲戚关系。它们的老家都在大沙漠，它们都是葫芦科西瓜属植物。

早先，来了个远古吃货，顶着中毒的风险也要吃上一口瓜。

后来，经过一代代吃货舍生忘死、前赴后继的培育、改良，一部分瓜成功走出了沙漠，变成了今天好吃的西瓜。

　　而那些被漏下的"沙漠遗瓜"，在极度缺水的沙漠里，为了保护自己体内的水分不被其他动物夺走，它们努力进化成了更毒的药西瓜。

　　于是，药西瓜被做成了天然杀虫剂。

敲黑板冷知识

如何挑到又大又甜的西瓜

教你几招，让你挑到又大又甜的西瓜！

（1）看瓜藤：瓜藤越绿，就越新鲜。而且一般来说，藤弯的西瓜会比藤直的西瓜要甜很多。但是，如果西瓜藤是干枯的，就是"死藤瓜"，这种西瓜不能买！

（2）看瓜纹、瓜脐：品质好的西瓜表面纹路均匀，没有断裂迹象。熟瓜的瓜脐是凹陷的，未成熟的西瓜瓜脐没有凹陷。

（3）听声音：拍打西瓜。一般来说，西瓜发出比较闷的声音，听起来有振感，有回声的会比较甜；声音过于清脆的往往瓜皮厚，还没熟。

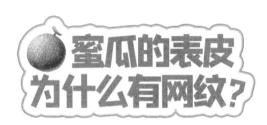

蜜瓜的表皮为什么有网纹？

品质好的蜜瓜主要生长在昼夜温差大的地区和沙质土壤中。香甜可口、好吃到停不下来的哈密瓜，多年来一直是我国哈密地区人们引以为傲的美味。

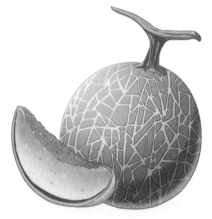

后来，有的蜜瓜走向日本，很快就征服了日本人的味觉。

准备接受我的美味吧！

哈密瓜号

日本没有我国那种得天独厚的自然环境，只能不惜一切代价精心研究，终于成功培育出了蜜瓜，日本百姓喜极而泣。

太好吃了！我们也能种蜜瓜了！

成功啦！终于可以一直吃到蜜瓜了！

但精明的日本商家却把蜜瓜的价格推向了顶点，甚至还会拍卖竞价。在日本，北海道特产的蜜瓜曾经更是拍出单价约 16 万人民币的价格。

培育出一颗顶级的蜜瓜，想吃是要竞拍的！

带网纹的蜜瓜，可以说是水果界传说一般的存在。

蜜瓜表皮的网纹,是在长大的过程中,自己把自己的表皮撑到开裂形成的。撑开的伤口愈合后,有了一道道淡淡的伤疤,然后再长大撑开,再愈合,再留疤,反复如此。

历经磨难,蜜瓜终于成熟了,隔壁西瓜看着满身伤疤的蜜瓜心服口服。

蜜瓜大哥本来就够惨了,没想到成长在日本的蜜瓜经历更离奇。日本人就喜欢蜜瓜的网纹又粗又深,他们专门研究怎么培育出有这种网纹的蜜瓜。

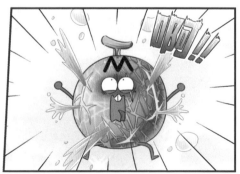

敲黑板冷知识

为什么日本的水果这么贵

说起日本的水果，大家的第一反应就是一个字——贵。那为啥日本的水果会这么贵呢？

首先，日本土地资源稀缺，国土面积较小，可利用的耕地面积也少，水果的产量自然少了，物以稀为贵，价格当然也会较高。其次，日本对水果的精心培育和栽种方式需要耗费生产者大量的时间和精力，因此成本较高，价格自然也高。

日本水果贵，也有一定的历史文化因素。水果在日本具有很强的礼品属性。从江户时代开始，水果就是一种"甜品"，一般会在料理中作为最后一道甜品上桌。水果还可以当作贵重礼物赠送给别人，因此这些水果往往经过严格的培育和筛选，价格当然也不是普通水果能比的。

鲫鱼和金鱼
有什么关系？

你知道鲫鱼和金鱼其实是亲兄弟吗？

别看鲫鱼这家伙小小的，对比它的远房亲戚鲤鱼，味道绝对更加鲜美，但缺点就是刺多。

瞅你个傻大个儿！

鲫鱼的刺也太多了！

别的鱼都是怕太多鱼挤在一起。

但鲫鱼就没那么矫情,水塘里满满都是鲫鱼,人家照样该吃吃,该喝喝。

鲫鱼最受欢迎的吃法就是做成鲫鱼汤,鲫鱼有着较高的脂肪含量,所以鲫鱼汤有着诱人的奶白色。

唐朝的时候，人们把少见的金色鲫鱼饲养起来，让它们金色配金色，繁殖出了越来越多的金色观赏性鲫鱼，于是起名叫作金鱼。

后来，南宋的达官贵人们疯狂追捧金鱼，金鱼从此不光有金色的，还有银白色的、黑色的等等，外形五花八门，但其实它们都是鲫鱼。

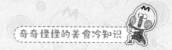
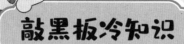

敲黑板冷知识

金鱼和锦鲤那么好看，能吃吗？

　　理论上，鱼缸里的观赏鱼都可以吃。但是为什么不建议大家吃呢？

　　首先，最重要的一点是非食用鱼类在培育和养殖的过程中，许多有害物质会在鱼体内蓄积，比如增色饲料、催化饲料、抗生素、抗应激药物等，有可能影响鱼肉的味道，也有可能对人体健康产生不利影响。其次，金鱼是基因变异物种，观赏鱼还有赘生物等，影响口感不说，可能会有潜在的食用安全隐患，最好还是别吃。最后，这些观赏鱼往往有比食用鱼更重要的价值，菜市场的鱼那么多，何必要吃观赏鱼呢？

很多动不动就被人类吃掉的鱼，都掌握着转变性别的神奇技能。

有些鱼类小时候是美少女，成年后突然变成男儿身，比如石斑鱼。

有一些鱼一辈子都很烦恼，比如鳗鱼。

还有些鱼有它们的小秘密，比如小丑鱼。它们的秘密是先雄后雌。

如果一对小丑鱼夫妇中的雌鱼"挂"了的话，那么雄鱼就渐渐地转变自己的性别，变成雌鱼。

黄鳝也能自然变性，不过跟小丑鱼正好相反。刚出生的小黄鳝都是小姑娘，等它长大生娃成为"妈妈"之后，身体特征就开始变化，最终变成"爸爸"，而且再也不能变回"妈妈"。

孩子，你该叫爸爸了！

鱼类这种自动变性的过程，在生物学上称为"性逆转"。意思是一些动物体内既有雄性生殖器官又有雌性生殖器官，一般情况下只会表现出一种性别，当被抑制的另一个器官被激发后，才显示为另一种性别。真是好神奇呀！

没想到鱼类还有这么神奇的能力，太厉害了！

敲黑板冷知识

"生娃"的雄性海马

　　海马虽然不会转变性别，但在自然界中，它却是少见的由雄性负责"生娃"的动物。

　　一般情况下，动物都是雄性将精子排入雌性的体内，完成受精。但雄性海马有个不得了的器官——孵卵囊，所以海马的受精过程是完全反过来的。繁殖期时，雌海马将卵子直接排在雄性海马的孵卵囊中，然后雄性再在育儿袋中对卵子进行受精，这样就形成了受精卵。

　　受精卵在雄海马育儿袋中发育15—20天后，就会直接孵化成为小海马，最后由雄性不断地收缩孵卵囊，将成百上千的小海马喷出体外。海马也因此成为地球上唯一一种由雄性完成生产的动物。不过，从生殖的角度看，雄性海马更像是一位"保姆"。

鱼的刺
为什么不扎自己?

鱼为什么要长这么多刺,扎着自己不疼吗?有人说,鱼当然不疼,因为鱼的记忆只有7秒……

被自己的刺扎得好疼呀!嘤嘤嘤!

谁能告诉我,我是谁?我是一只海龟吗?

什么乱七八糟的!

其实鱼刺是鱼的骨头，每一条鱼中间最大的那排刺，就是它们的脊柱刺。

脊柱刺

除此之外，还有人类吃鱼的共同阻碍——鱼肉里的小刺，叫作肌间刺。

肌间刺

所有长这种小刺的鱼，其实就是鱼里的肥宅，它们天生肌肉松弛无力，肌肉里面不来几根刺支撑一下，大家就得一起"北京瘫"①了。

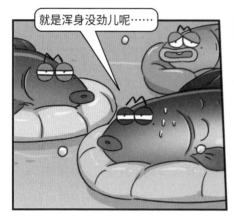

①北京瘫：一种坐姿，网络语。——编者注

那些号称有蒜瓣肉的、没刺的鱼，是因为人家自身肌肉发达，所以身材好的鱼卖得更贵！

敲黑板冷知识

软骨头的鲨鱼

鲨鱼看着非常凶狠，但它除了牙齿和颌骨，全身上下几乎都是软骨。

但千万别小看这一身软骨头，同样体积的软骨，密度只有硬骨的一半，放在鲨鱼身体里，就能让它们的体重变轻很多，游泳的速度也就随之加快。而且就算是已经钙化的软骨，弹性也比硬骨好，可以在鲨鱼进攻的时候起到更强的缓冲作用，它们的大嘴巴也就能发挥出更强的咬合力。

而且这身软骨还是鲨鱼的保命神器，软骨因为具有弹性，能够抵抗深海的压强，所以每次环境出现危机，鲨鱼就会跑到相对安全的深海躲避危险。靠着这个本事，鲨鱼成功躲过多次生物灭绝，这也是鲨鱼比恐龙还古老，却能存活至今的原因。

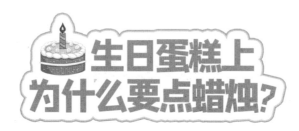

生日蛋糕上为什么要点蜡烛？

你知道生日蛋糕上为什么要点蜡烛吗？这要从古希腊神话中的阿尔忒弥斯女神说起。

古希腊神话里老父亲宙斯有一个女儿叫阿尔忒弥斯，她姐姐叫雅典娜，她弟弟叫阿波罗。

阿尔忒弥斯非常忙，因为她要管的事实在太多了。

她是狩猎女神，猎人想打到猎物得拜一拜她。

她是大自然女神，大家想去旅行、享受自然得拜一拜她。

她还是弓箭和射术女神，所有射手都得拜一拜她。

她是孕育女神，想生娃得拜一拜她。

她还主管接生新生儿，怀了宝宝也得拜一拜她。

同时她还是月亮女神、处女神，堪称古希腊神话里的劳动模范！

这么多事都得求她，希腊人修建了阿尔忒弥斯神庙。

马上就是阿尔忒弥斯女神一年一度的生日了，我们奉上蜂蜜饼还不够，还要插上神圣的蜡烛！蜡烛的神秘力量一定会让女神听到我内心的呼唤！

于是在蜂蜜饼上插蜡烛就成了给女神阿尔忒弥斯过生日的标配。

我也吹蜡烛许个愿吧！

慢慢地，古希腊人也开始在孩子的生日食物上点蜡烛，以此来许愿，直到如今这变成了一个约定俗成的环节。

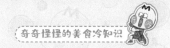

敲黑板冷知识

生日蛋糕是什么时候出现的？

据说，生日蛋糕最早也是在古希腊出现的，是人们为了庆祝诸神诞生而献上的贡品。其制作方法非常简单，就是用面粉和坚果做成糕饼后，再淋上一些蜂蜜。

而与现代蛋糕类似的生日蛋糕，到了 13 世纪才出现。那时候的欧洲人认为生日是一个人的灵魂最易被魔鬼侵蚀的日子，所以这一天亲友要聚集起来，在过生日的人身边保护并祝福他，同时送上蛋糕来驱逐魔鬼，保其平安。不过，那个时候生日蛋糕的价格高昂，只有国王及贵族才能享用，直到 18 世纪第一次工业革命爆发，随着技术的进步和材料的普及，蛋糕的价格才开始变得便宜。

喝了咖啡
为什么不容易困?

据统计,全世界的人平均每天都要喝掉 22.5 亿杯咖啡,相当于每天就有 6000 万棵咖啡树被薅秃。

"咖啡"一词源自希腊语"Kaweh",意思是"力量与热情"。自人类与咖啡相遇,距今已经有大约 1400 年了。

我和人类的相遇真是命中注定!

人类这么痴迷咖啡，大概是因为喝咖啡之后就不困了！

人的身体内部会产生一种叫作腺苷的物质，大脑里的神经有一种叫作腺苷受体的东西。腺苷受体和腺苷是天生一对，它们结合之后就会触发大脑发出应该睡觉的信号。

于是，正在拼命赚钱的打工人，困意扑面而来。

这时喝上一杯咖啡，长得和腺苷很像的咖啡因抢先和受体在一起，大脑接收不到睡觉的信号，就会因为这杯咖啡而保持清醒。

敲黑板冷知识

动物喝咖啡会有什么反应？

　　像蜘蛛这样的无脊椎动物，咖啡对它的神经系统可能是致命的。蜘蛛在喝下 10 微克咖啡后，它连网都不会织了。当蚊子的幼虫喝了咖啡后，它们的动作就会变得不太协调，最终因为无法游到水面而被淹死。当蜜蜂尝到带有咖啡因的花蜜后，似乎连记忆都改善了，在之后的 24 小时里，它们对花朵味道的记忆提高了 3 倍，而且还会在蜂巢里跳起摇摆舞，告诉其他蜜蜂在哪里可以找到食物。马喝了咖啡后，心率明显加快，表现出超强的耐力和速度。因此，咖啡也成了赛马比赛中的兴奋剂，被视为违禁品。相同的情况，也出现在赛鸽比赛中。

多宝鱼那么丑,为什么又那么贵?

在吃到多宝鱼之前,你一定已经听说过这种眼睛长在身体一侧的鱼。

多宝鱼属于鲆科,这是一个属种众多的种族,但无论血缘远近,它们的共同特点就是丑。

虽然丑,但还是很美味!

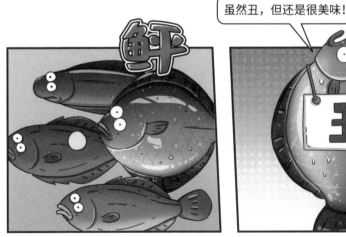

小时候的多宝鱼看起来和其他小鱼没什么区别，可是慢慢就变得不对劲了，最后它的两只眼睛长到了身体的同一面上。

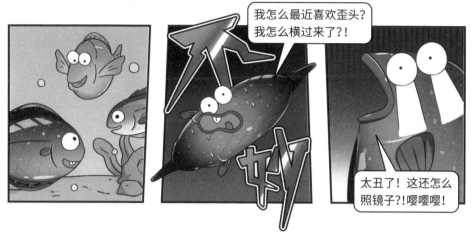

内心受到一万点伤害的多宝鱼逐渐内心阴暗，自己宅在海底，隐藏在沙子里，让别的鱼都看不到。

等到食物路过的时候，多宝鱼就突然袭击，然后继续宅下去。

　　早先，只有英国人才拥有多宝鱼的养殖技术，我们想吃多宝鱼需要天价购买。

价格昂贵，不是想吃就能吃到哟！

　　1992 年，我国的雷霁霖院士决心自己研究多宝鱼的养殖技术，七年磨一剑，终于成功！

　　而且，雷霁霖院士无私地公开养殖技术，传授给渔民，这才让我们吃上了多宝鱼。他因此也被称为"多宝鱼之父"。

敲黑板冷知识

穷人的龙虾——鮟鱇鱼

鮟鱇鱼又名老头鱼、结巴鱼，我国沿海均有产出。

鮟鱇鱼的肉质紧密、结实，纤维弹性十足，吃起来非常鲜嫩。因为鮟鱇鱼的肉质胜于一般鱼，且胶原蛋白十分丰富，所以它被称为"穷人的龙虾"。

鮟鱇鱼在国外比较受欢迎。人们会将鮟鱇鱼做成鮟鱇锅，还会用鮟鱇鱼肝做寿司。根据研究，鮟鱇鱼肉有很强的助消化能力，对腹胀、胃酸等有很好的食疗辅助效果。

清道夫能不能吃？

20 年前，清道夫还是人们眼中勤勤恳恳、吃鱼便便的劳动委员。但今天它已经成了我国生物入侵的巨大威胁之一。

最初，人们从南美洲把清道夫作为观赏鱼引进国内，发现它总是依附在鱼缸上啃来啃去。

　　水族市场的卖家告诉人们，这种鱼特别喜欢吃其他鱼的便便，还能够清理鱼缸。

这个小可爱喜欢吃其他鱼的便便，大家快来买哟！

　　但是很快人们发现清道夫没那么爱劳动！

人类想让我吃便便，但我最爱吃的其实是鱼卵和鱼苗。

吓！

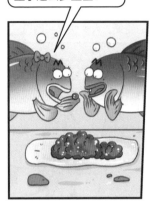

只要小鱼身上有一点点伤口，清道夫就会上去使劲"嗍"。

人们发现了清道夫的真面目，于是纷纷把它丢进河里。

走你！

来到野外的清道夫这下更 high ①了！

①网络流行语，意为尽兴，肆无忌惮。——编者注

这样放走我，你们会后悔的！

呼吸自然

它们在河流堤坝上打洞作为新房，每个月往里面产大量的鱼卵。

施工中

超多鱼卵

它们一边悉心照料自己家的宝宝，一边疯狂地吃别家的鱼宝宝。没多久，整条河都成了清道夫的地盘。这时候只能请吃货大军出动了！

然而吃货大军又原路退了回来，因为这货又丑又难吃，只有少数南美人才会吃这种东西。

而且清道夫体内细菌极多，非常不建议食用，还是直接干掉它吧！

敲黑板冷知识

在印度，清道夫也是一道菜

印度气温高、降水多，很适合清道夫的繁殖。但事实有点出人意料，清道夫并没有在印度逍遥自在，反而在苦苦挣扎怎么活下去。

这里面有很多原因，第一，就是清道夫在印度存在天敌。比如恒河中的恒河鳄，就是一个对付清道夫的狠角色，它们能将清道夫吃到片甲不留。第二，可能与印度人的信仰有关。恒河在印度是一条神圣的河流，里面的清道夫对印度人来说就是一种外来物种，吃掉清道夫也是对"圣河"的保护。而且由于印度很多人本身就存在温饱问题，这些免费的食物，自然成为他们眼中的美味。

于是，针对清道夫，印度人开发出各种"干净又卫生"的吃法，比如香料腌制、油炸等，而对于印度人的做法，我们也就只能看看了，真的学不来⋯⋯

称赞老师为什么说桃李满天下？

称赞老师经常说"桃李满天下"，为什么不叫"苹果橘子满天下"呢？

相传春秋战国时期，魏国有个德高望重的子质大人，他身边有一群门客，不过都是一些爱拍马屁的人士。

就这样，一批马屁精在子质大人的帮助下找到了工作。

但天有不测风云，有一天子质大人获了罪，想请人帮忙却屡遭拒绝。

美食的十万个为什么

子质大人帮助过的人没有一个理他，无奈的他只好逃难，跑到北方投靠好友简子。

如果春天栽下桃树和李子树，夏天就可以在树下乘凉，秋天还可以收获好吃的桃子和李子。

但如果种下的是长满刺的蒺藜，收获的时候只能把你扎成刺球。

培养人和种树是一个道理，要悉心培养像桃李一样的人才，于是人们就把培养出许多优秀人才称为"桃李满天下"。

敲黑板冷知识

桃子与李子组成的成语

在成语里，桃子和李子可是一对好搭档，有着很多组合。

桃李之馈：原指互赠礼品，后引申指送礼、贿赂。

投桃报李：比喻友好往来或互相赠送东西。

公门桃李：尊称某人引进的后辈、栽培的学生。

李代桃僵：李树代替桃树而死，原比喻兄弟互相爱护、互相帮助，后转用来比喻互相替代或代人受过。

桃李不言，下自成蹊：原意是桃树、李树不招引人，但因它有花和果实，人们在它下面走来走去，便走成了一条小路。比喻为人品德高尚、诚实、正直，不用自我夸耀，自然就会得到人们的尊重。

第二根手指为什么叫食指？

"食指"一词最早见于《左传》里，还真的和吃有关！

春秋时期，郑国公子宋正准备去见刚刚做大王的郑灵公，突然，自己的食指不受控制地动了起来。

公子宋抽风了，快叫救护车！

不必！我公子宋食指大动，说明一定有好吃的在等着我。

公子宋

等见到郑灵公，看到他正在拿楚国刚送的一只鼋鱼炖汤呢！

郑灵公很不喜公子宋，于是把汤分享给大家喝，就是没有给公子宋。

美食的十万个为什么

公子宋可不是吃素的，居然提前带人干掉了郑灵公，可怜的郑灵公做了
不到一年的大王就"挂"了。

揍他！

我再也不喝鼋鱼汤了！嘤嘤嘤！

于是，我们用来品尝美食的第二
根手指，就被称为食指。食指伸进鼎
里蘸点汤偷吃就叫"染指于鼎"，"染指"
这个词也就出现了。

不要真的"染指"一锅汤哟！

染指于鼎

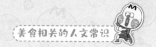

敲黑板冷知识

食指大动的公子宋

　　公子宋因为食指颤动而发现了郑灵公做的鼋鱼汤。但这并非偶然，每次他食指大动，都能找到不少好吃的。

　　有一次他出使晋国，一到晋国食指就开始动了，结果那天他就在国宴上吃到了名贵的石花鱼。还有一次他出使楚国，一觉醒来食指就动个不停，结果当天楚国国君就请他吃了天鹅肉和楚国特产的水果合欢橘。

为什么吃饭会咬到舌头？

有没有人告诉你，吃饭咬舌头，是因为馋肉了？

你是馋肉了，吃点荤的就好了！

然后，你吃肉的时候也咬舌头……

很多长辈之所以相信这个说法，是因为他们过去经历过艰苦的岁月，可我们今天的生活质量很高，大鱼大肉可没少吃啊！

日子太难了，好想吃肉啊！太馋了！

其实对健康的人来说，吃饭咬舌头，大部分是因为——不专心！边吃边聊，边笑边嚼，你不咬舌头，谁咬舌头？

我的舌头反复受伤呀！嘤嘤嘤！

要是吃得太快，腮帮子都会被咬到！

怎么连我也被咬呀?!

　　此外，还有一个原因，可能是你的睡眠不足。大脑在疲劳的情况下，神经系统会变得紊乱，让你的肌肉不受控制，你就会不受控制地咬到舌头。

惨了，要控住不住我的舌头了！

所以，要想吃饭不咬舌头，就得少玩手机多睡觉，细嚼慢咽别总笑，不然小心舌头掉！

敲黑板冷知识

咬舌自尽是真的吗？

　　古装电视剧里，经常可以看到人们咬断舌头自尽的情节，但其实舌头一点都不脆弱，基本不会出现这种情况。

　　一方面是因为舌头拥有非常发达的肌肉，就算用很大的力气也无法把舌头咬下来。另一方面是因为人们的舌头非常敏感，上面分布了密密麻麻的末梢神经，咬破一小块都能让人疼得面部扭曲。如果用力咬，大脑会受到强烈刺激，身体会本能地停止咬舌，这是一种天生的自我保护机制。而且就算真的咬破了，也不会出现马上去世的情况。因为我们的舌头是由舌根、舌体和舌尖三个部分构成的，我们用牙齿咬舌头，咬到的部分主要是舌尖，还不到舌头的1/3，咬破也不会因失血过多而死。

　　但在极少数情况下，用力咬舌头后人会疼晕，如果血液倒灌进喉咙，将会影响呼吸道，人有可能会被憋死……

脸上的酒窝和酒有什么关系？

酒窝之所以叫这个名字，真的和酒有关。

在古代有一种传统的酿酒工艺，人们为了让缸中的谷物充分发酵，以及方便观察发酵的变化，会把位于中心位置的谷物掏空，露出缸底，形成的坑窝，被称为"酒窝"。

有的人在做表情时，脸部的肌肉相互牵动而产生部分凹陷，会出现一个坑窝。而人脸上的坑窝和酒窝很像，于是也就被称为酒窝了。

"酒窝"一词原来是这样来的!

关于酒窝还有一个传说,古人相信人死后都要喝下孟婆汤来忘记前世今生,可有的人却坚决不喝。

来碗孟婆汤,前世全忘光!

不喝不喝!就不喝!我绝对不能忘记我老婆,还有欠我钱的老严!

孟婆听后好像心一软,将不喝孟婆汤的人放行,实际上……

心软是不可能的!不喝我的汤,没好下场!

　　孟婆偷偷在这些人脸上做了个记号，就是酒窝。有酒窝的人必须跳进忘川河，被水淹，被火烤，折磨上千年才能轮回。

　　转世后这种人会带着酒窝和前世的记忆，寻找前世放不下的牵挂。

酒窝的种类

　　酒窝一般在嘴角斜上外侧的 2—2.7 厘米处。脸颊的这种凹陷，不仅显得脸瘦，还能让下巴看起来很小、很可爱。然而酒窝也不止一种，它有许多其他类型。

　　（1）梨涡：位于嘴角的斜下方，虽然凹陷较小，不是特别明显，不过它也是传统东方美女的标志。

　　（2）印第安酒窝：通常位于脸部下眼睑之下，颧骨之上，笑起来有点像褶子，又有点像皱纹。印第安酒窝也就是我们常说的泪窝，能表达出更加复杂的笑容，给人淘气又可爱的印象。

　　（3）长酒窝：通常位于面颊的两旁，这种类型的酒窝笑起来弧度很大，会给人一种可爱、温柔的印象，也给人一种成熟的感觉。

为什么大厨都要戴一个高高的厨师帽？

200 多年前，法国有一个大厨叫作安托万，这位大厨不仅厨艺高超，人也非常幽默随和，总是换着花样逗客人笑。

女士，我给你来段快板书吧！   法国人还会快板书啊？

某天晚上，一位客人戴着一顶白色高帽子，安托万赶快定制了一个更高的白帽子，并戴着向大家展示。客人的白帽子看起来很时尚，安托万的白帽子看起来就很搞笑。

我要定做一个白帽子，要这么高的！

我是在追求时尚，怎么变搞笑了？！

后来，"安托万所在的餐厅里有个戴白帽子的大厨"这件事传了出去，餐厅生意突然异常火爆，无数人前来打卡，这让全法国的大厨都惊呆了！

我们也要戴高的帽子！

接下来，生意想不火爆都难！

"厨师戴白帽子"就势成了一种行业文化。1949年，国际厨师帽会成立，还对厨师帽所代表的等级进行了规范。

如今，厨工的帽子只能高10.5厘米，普通厨师的帽子高约25厘米，厨师长的帽子高约29.5厘米。不过，是不是厨师帽越高做菜就越好吃，还要亲自品尝后才知道。

敲黑板冷知识

小小厨巾也有大讲究

西餐厨师帽的高度，能体现厨师的地位。而厨师所佩戴的三角形厨巾，也能体现厨师的等级。

一般来说，红色代表初级厨师，一般为厨房的学徒。黄色代表中级厨师，蓝色则代表高级厨师，主厨或特级厨师则佩戴白色厨巾。

不过，由于酒店管理方式不一样，厨师所佩戴的厨巾的颜色也有出入。比如香格里拉大饭店，最高级别的厨师佩戴白色的厨巾，学徒则根据不同的所属部门，佩戴不同颜色的厨巾。再就是在假日酒店里，级别最高的总厨戴的是黑色的，部门厨师长戴的是白色的，其他员工则戴各种颜色的。

⏰ 食欲为什么和睡眠有关系？

每天控制不住地想吃东西，很可能和睡眠不足有关。

太困了！这点东西也不够吃呀！

当睡眠不足时，身体中一种让你管住嘴的酵素"瘦素"的分泌会减少，你就会控制不住地想要吃东西。

瘦素

睡眠不足使人增加发胖风险，还有可能让人"累丑""早秃"。

睡觉可不是时间越长越好，中国睡眠研究会的研究显示，97.6% 的受访人都曾发誓要好好睡觉，但真正做到的人连 5% 都不到。

想要睡得好，就要保证深度睡眠。深度睡眠，又叫"黄金睡眠"，深度睡眠时间虽然只占整个睡眠时间的 25%，但在这段时间里人体的新陈代谢更快，是真正帮你缓解疲劳的重要环节之一。

深度睡眠时间太短，已经成为当代人的睡眠问题之一。生活忙碌、辛苦又很难好好运动的打工人和学习压力大又没法好好放松的学生党，更要关注自己的睡眠质量哟！

敲黑板冷知识

睡前吃夜宵，对身体有危害吗？

晚上 9 点到凌晨 4 点之间吃的东西都能被称为夜宵。一般来说，经常吃夜宵对身体的危害远大于好处。

我们身体内的一些脏器在夜里需要休息，吃夜宵对它们来说是突然"加班"，会加重肠胃的消化负担。油腻的食物更会使血脂升高，吃得太多会使血糖升高，温度过低的食物会对胃黏膜造成刺激……久而久之，容易引发各种疾病。

如果晚上必须吃夜宵，最好选择一些低脂肪、营养价值高的食物，比如燕麦粥和热汤等。而且吃夜宵的最佳时间，最好在睡前的 2 小时，这样既能填饱肚子，也不会影响睡眠。

高压锅是怎么诞生的？

当你用家里的高压锅烹饪的时候，你该感谢谁？

感谢我妈，因为是她买的！

除了要感谢妈妈，还要感谢的是发明高压锅的年轻小天才！

早在 300 多年前，法国有一位年轻的小天才，丹尼斯·帕平，他是医生，是物理学家，还是个机械专家，而他最感兴趣的事就是研究蒸汽机。

有一天帕平去登山，爬到山顶架起锅准备做饭。他烧了一锅开水煮土豆，可是高山地区气压低，根本煮不熟土豆。

原来气压低时水的沸点就低，气压高时水的沸点就会更高，那如果能让锅里的气压更高，是不是就能比平时更快把食物煮熟、煮软烂？

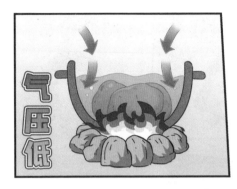

于是，帕平发明出一个沉甸甸的封闭金属高压大锅，并且给它起名叫作"帕平锅"。这种锅工作时是利用"液体在较高气压下，沸点会提升"这一原理，对水施加压力，使水可以达到较高温度，以加快炖煮食物的效率。

做菜更好吃的"帕平锅"很快风靡了欧洲。从原理上来说，"帕平锅"与现代高压锅几乎是相同的。

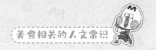

敲黑板冷知识

没有高压锅时，高原地区如何煮东西呢？

　　没有高压锅时，高原地区的主要烹饪方式是用火烤。比如西藏地区，主要吃酥油茶、炒米以及烤肉和各种奶制品，基本跳过了煮东西的环节。

　　但想要煮东西吃时怎么办呢？高原地区的人们为此发明了一套特殊的烹饪方法——石头煮肉。

　　水在高原地区的沸点会变低，看着沸腾其实温度不高。而石头是固体，不受气压的影响，将石头放入锅中后，石头经过火的加热后再放热，起到了恒温和保温的作用，等石头到了 100 摄氏度以后，水的温度也随之升高，肉就煮熟了。

微波炉是怎样诞生的？

用来加热食物简单又快捷的微波炉，它的诞生居然源于一次意外发现！

微波炉

1945 年，一个叫作斯宾塞的工程师正在启动雷达设备，他发现雷达启动后，自己口袋里的巧克力就融化了。

启动！

巧克力怎么化成这样？！

于是，斯宾塞很快发明了一个高约 160 厘米的"铁盒子"，命名为微波炉，还注册了专利，因此赚得盆满钵满。

　　作为全世界最懂微波炉的男子，斯宾塞尝试把玉米放进了微波炉，制作出了微波炉爆米花。

微波炉爆米花

　　看到这里很多人就要感慨了，自己发现兜里的巧克力融化就只会骂骂咧咧，斯宾塞发现兜里的巧克力融化就能积极探索，成为大发明家。

巧克力化在兜里还能怎么办?!

多多思考，开动脑筋！

斯宾塞发明微波炉时，已经是世界顶级雷达管设计专家了，所以不仅仅要勇于探索，脚踏实地、打好基础也很重要呀！

敲黑板冷知识

不能在微波炉里加热的食物

（1）有外壳和薄膜的食物：食物在微波炉中加热时会产生水蒸气，如果食物带有外壳和薄膜，加热产生的水蒸气无法穿透外壳扩散，内部压强会越来越高，非常容易导致外壳破裂，有爆炸的风险。这类食物如蛋类、板栗、葡萄以及带有肠衣的烤肠。

（2）水：微波炉千万不能被用来烧水。水在水壶中是从下往上逐步沸腾，而在微波炉中是四面八方同时加热，水的状态很不稳定。这样会产生超过 100 摄氏度也不会沸腾的"过热水"，容易发生暴沸，将人烫伤。而且液体越黏稠（比如牛奶、浓粥等），越有爆炸的危险。

（3）干辣椒：一方面，干辣椒缺少水分，加热容易燃烧着火。另一方面，辣椒素会随着加热扩散到空气中，打开微波炉会把自己呛得很难受。

柑橘的头号克星是谁？

你知道香蕉的克星是巴拿马病菌吗？它可是凭借一己之力把大麦克香蕉灭绝了。

现在柑橘类水果中出现了一种比巴拿马病菌更可怕的病菌——柑橘黄龙病菌，它被称为柑橘头号克星！

这种病菌几乎能消灭所有的柑橘类水果。据说这种病菌最早发现于 18 世纪的印度，到如今它已经传染了 50 多个国家的柑橘。

亚洲的橘子沦陷了，美洲的柚子也沦陷了，还有非洲的橙子！

1919 年，我国也发现了柑橘黄龙病菌。据不完全统计，目前我国被柑橘黄龙病菌侵害的柑橘，其面积占柑橘总栽种面积的 80%。

所以现今很多柑橘种植者只要一发现柑橘叶子开始发黄，就会立刻提起斧头，不管三七二十一，先把树砍了再说！

其实，用砍树来防治柑橘黄龙病，已经是最好的办法，因为当前柑橘黄龙病是没办法治好的，人们只能做到预防。

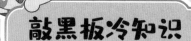

敲黑板冷知识

依靠人类，才摆脱灭绝命运的植物

　　人类活动给许多生物造成了威胁，但也有一些生物是依靠人类才摆脱了灭绝的危险。

　　南瓜和西葫芦都是葫芦科南瓜属的植物，它们现在几乎没有野生品种。其主要原因是，很久以前南瓜属的植物都有毒素，虽然中小型哺乳动物都不喜欢吃它，但大型哺乳动物却不怕，比如美洲乳齿象和地懒。不过，随着这两种动物的灭绝，南瓜属的种子也就没法传播，导致了南瓜属植物大范围消失。如果不是人类及时培育出能吃的南瓜，它们恐怕早已消失。

　　处境类似的植物还有牛油果、可可树，它们的种子的传播者都已消失，如果不是因为人类"嘴馋"，这些植物早就在地球上消失了。

东北的黑土地为什么是黑的？

你知道东北的黑土地为什么是黑色的吗？

整个地球其实只有三块黑土区，分布在乌克兰平原、美国的密西西比平原和我国的东北平原。

在东北千百万年形成的原始森林中，落叶因为冬天的严寒无法完全分解，年复一年，在土壤中堆积，产生了大量养分，形成了难以置信的肥沃黑土。

在 20 世纪 50 年代，这片肥沃的黑土还是大片的荒地，当时无数来自五湖四海、愿意为祖国农业奉献青春的人，来到这片黑土地投身建设。

他们在这里开荒，建立了一座又一座的农场，其中就有不白吃去过的，位于黑龙江的九三农场。

这片神奇的黑土地也给勤劳的人们带来无数惊喜，产出的蘑菇、猴头菇、木耳、人参品质极其高！这都是大自然神奇的馈赠！

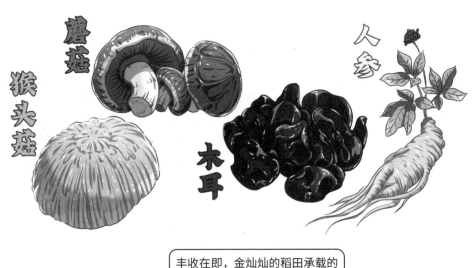

蘑菇

猴头菇

木耳

人参

丰收在即，金灿灿的稻田承载的是我们一整年的辛劳和希望！

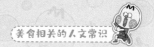

敲黑板冷知识

五颜六色的土地

除了黑土地外，我国还有许多其他颜色的土地。

（1）红土：在南方高温高湿的环境中，土壤中的矿物质经过化学作用，产生了大量的氧化铁，使土壤变成红色。

红色土壤偏酸性，特别适合种植茶树、桑树、柑橘和脐橙。

（2）青土：青色土壤主要分布在秦岭至淮河以南的平原、河谷中。青色土壤就是人们常说的水稻土，是经过人们长期耕种形成的，土壤的肥力很高。

（3）白土：白土就是盐碱土，主要分布于西北干旱半干旱地区的平原、盆地中。白色土壤是由不合理的灌溉形成的，农作物很难在此生长，需要用多种方式慢慢治理。

（4）黄土：主要分布在黄土高原。学者认为黄土是强风将其从中亚和蒙古沙漠吹过来的。黄土富含氮、磷、钾等养分，很适合耕种，但黄土土质疏松，如果开发不当容易造成水土流失。

滑冰场为什么要加牛奶?

你敢相信，很多滑冰场的冰面居然是掺了牛奶的"牛奶刨冰"吗？

牛奶　　刨冰

啥？怪不得滑冰场是奶白色的，俺家门口小河沟的冰灰了吧唧的！

冰里加牛奶可不是为了颜值！

水冻成冰很坚硬，但很容易碎裂，冰刀滑动还会有好多划痕。

为什么受伤的是我？嘤嘤嘤！

但用牛奶冻冰，牛奶的油性大，冰就会很柔软。

于是人们把二者结合，利用牛奶的油性让冰面更有弹性，减小摩擦，冰刀高速滑动也不会有很深的划痕。

能屈能伸，有弹性！

太好了！下次滑冰摔倒之后，我一定要顺势啃两口牛奶刨冰！

其实，现在专业的滑冰场已经用更好的添加物代替了牛奶，比如我国已经拥有了最先进的二氧化碳跨临界直冷制冰技术。

而乳白色冰面只是一种环保白漆，已经不是牛奶了。

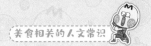

敲黑板冷知识

牛奶的另类用途

（1）制造油漆：牛奶是制造油漆的主要原料，因为它可以用作颜料的黏合剂。实际上，早在古埃及时期，人们就把牛奶当作制造油漆的原料了。

（2）修复瓷器裂纹：将有细微裂纹的瓷器放到锅里，将牛奶倒入锅中没过瓷器，等到牛奶煮沸后转为小火保持 4—5 分钟，牛奶中的蛋白质就能把瓷器上的大部分细微裂痕修复。

（3）护理皮革制品：用牛奶浸泡抹布后擦洗皮革制品，能让其焕然一新。如果想深层处理皮革制品，还可以涂抹牛奶后让它彻底风干，然后再打磨，使其看起来光亮如新。

（4）解冻鱼肉：用普通方法解冻冷冻鱼，有时吃起来口感会比较干。如果将冷冻鱼放在牛奶里解冻，这种天然的保湿剂能恢复鱼肉的水分和味道，吃起来口感更好。

猪肉上为什么有印章?

你有没有见过猪肉上的印章?

忠肝义胆?!这是我大哥,你好惨哪!嘤嘤嘤!

什么乱七八糟的?!

有人说猪猪身上不同颜色的印章是为了区别公猪和母猪，但这并不准确。除了用来做种猪的公猪，养猪场里只有被绝育过的"公公猪"。

猪猪最终献上了自己。但成为你嘴里的排骨、里脊、大猪蹄子之前，需要盖上屠宰场"卫生检验合格"的印章，再经过第二道检测，盖上"检疫合格"的印章，最后才能来到超市和农贸市场里。

这种章有时候是滚轮盖上去的很长的章，有时候是一个圆形的章，都是选用了无害、可食用的材料做成的，颜色虽然洗不掉，但可以放心吃。

猪猪身上可不止这两种章，有些猪猪被判定不适合食用，会被盖上一个椭圆形章。

如果被盖上一个红叉，那这只猪猪就很危险了，必须销毁。

敲黑板冷知识

猪肉印章的颜色有何讲究？

猪肉印章常见的颜色有三种，红、蓝和紫。

蓝色章一般是动物检疫站加盖的"检疫合格印章"。生猪被屠宰前必须保证其做过全套的检疫流程，比如喂养时有没有对其注射相关疫苗，生猪有没有生过病，等等，全部合格才能由动物检疫站准予加盖检疫合格印章。

红色章一般是定点屠宰企业加盖的"等级章"。屠宰场检测猪肉达到食用等级标准后，就会加盖红色印章。

紫色章一般是定点屠宰企业加盖的"肉品品质检验章"。屠宰场在屠宰过生猪以后还要对猪肉品质进行检验，看看有没有药物残留，是否可以食用，等等。合格以后才会加盖印章出售。

不过，国家对于印章颜色并没有做出规范，有时还会出现绿色印章。

喝大骨头汤真的补钙吗？

喝大骨头汤补钙的传说一直流传在美食界……

大骨头里确实富含钙质，可是熬了半天，一碗骨头汤里的钙含量大约为2毫克。

既然这样，我要喝多少碗大骨头汤才能达到补钙的效果？

按照成年人每天摄入 800 毫克钙来算，一天需要喝大约 400 碗大骨头汤。

另外，这汤里白花花的都是纯纯的脂肪和嘌呤。

别提嘌呤！我脚趾头疼！嘤嘤嘤！

还有那被认为能"补翻天"的骨髓，其实也就是一点脂肪。

可惜了汤里没人吃的肉，那是这碗汤里唯一还有点价值的东西！想喝汤补钙，不如直接喝牛奶。

敲黑板冷知识

吃虾米（虾皮）能补钙吗？

　　虾米是炒菜和做汤时的常见辅料，同时它因极高的钙含量在常见食物中排在前几名。每100克虾米就含钙555毫克，实力远超牛奶（每100克牛奶含钙104毫克）。

　　虾米虽然看着很厉害，但它的补钙作用其实非常小。

　　虾米质地很轻，每次吃饭能吃到肚里的虾米很少，也就几克而已，所以钙的摄入量就更少了。那多吃能不能解决这个问题呢？很遗憾，虾米中的钙在体内吸收率很低，只有20%左右，吃够一盆虾米才差不多达到一杯牛奶的含钙量。而且虾米本身含盐量很高，吃多了对肾脏不好。所以想补钙还是老老实实喝牛奶吧。

食物相克是真的吗？

代代相传的食物相克是真的吗？最开始的时候，古人很难解释吃完食物之后的不适现象。

我吃个柿子和螃蟹就跑肚拉稀、口吐白沫了？

真相只有一个！那就是柿子和螃蟹相克，一起吃下去把你搞中毒了！

老王买来一只螃蟹，在那个保鲜科技为零的时代，老王准备吃的时候，螃蟹已经死了，吃完不新鲜的螃蟹，老王也不行了。

来一只螃蟹尝尝。

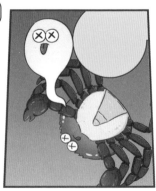

其实死螃蟹有毒，谁吃谁中招。而柿子中含有大量的鞣酸及果胶，吃多了也会在胃里形成团块，让人很不舒服。

过去的人们并不知道这些，就这么一传十、十传百，最后全国人民都知道柿子和螃蟹相克了。

今天科学家做了严格的实验，证明并没有食物相克一说，但也止不住很多人用现代的理论继续在"食物相克"上添砖加瓦。

如今还有了"维生素 C 加上虾等于砒霜"这种恐怖的说法，小心吓到正在喝满含维生素 C 和虾的冬阴功汤的泰国朋友们！

什么?！竟然有毒？

不要紧张，只要是新鲜食品洗干净，你身体本身不过敏，就放心吃吧！

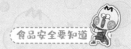

关于食物的一些谣言

（1）吃胡萝卜能获得超级视力

这个说法起源于第二次世界大战期间，当时一名英国飞行员凭借新型雷达，在夜晚成功击落敌机，但英国政府为了对雷达技术保密，就宣称飞行员是吃萝卜才获得了超级视力。胡萝卜中的确富含胡萝卜素，在人体内会转化为维生素A，维生素A的确能改善夜盲症，但对其他视力问题没什么作用。

（2）罐头食品里都是防腐剂

许多人都认为罐头食品能长期储存是因为添加了防腐剂。然而，罐头不会变质是因为罐头密封性好，隔绝了外部细菌，而且罐头内部进行过高温杀菌，食物接触不到细菌，就能够长期保存。

瘦肉精到底是什么？

"3·15"晚会上曝光的瘦肉精到底是什么？

原本人家猪猪、羊羊想胖想瘦全看自己开心。

但是瘦肉精可以让牲畜一瞬间心率加快，体温上升，代谢变快！

最常见的瘦肉精叫作莱克多巴胺，属于 β-兴奋剂类化合物，在中国境内禁止生产和销售。

人体摄入含有莱克多巴胺的肉类之后会心慌恶心，而且该类兴奋剂对心脏病、高血压患者危害更大。

使用瘦肉精之后，牲畜内脏成为瘦肉精的聚集地，万一不小心吃了猪肝或者羊杂，就大事不妙了！

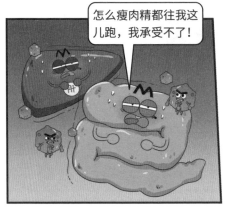

我国监管部门已经对瘦肉精开启了超级严格的审查，相信在监管下我们吃肉会更加放心！

敲黑板冷知识

牛肉作假大盘点

除了猪肉和羊肉会被使用瘦肉精作假外，牛肉也是肉类作假的重灾区，市面上常见的方式有两种。

第一，使用猪肉、鸭肉等其他比较便宜的肉进行代替。将它们按照一定的比例混合后，再加入牛肉膏等食品添加剂进行腌制。这样不仅吃起来像牛肉，原本的肉质也发生了变化，让人难辨真假。

第二，人工合成牛肉。这种牛肉是用鸡蛋白和糯米粉混合之后，加入各种化学添加剂制作而成的。这些东西混合成糊状后，再用机器压成纤维丝，就制成了牛肉干。这也是人们在平时生活中很容易购买到的一种假牛肉。

方便面都有什么奇怪的谣言？

一打算吃方便面，老妈就冲出来阻止，说方便面不健康。

方便面杯的表面不是蜡而是聚乙烯，开水泡面，温度在 100℃以下的话，聚乙烯一般不会有害。

金针菇富含真菌多糖，不仅耐酸耐碱，还含有耐消化酶的成分，是真的不容易消化，人们都照吃不误，那方便面这么温柔的面食，怎么可能不好消化?!

油炸之后的面饼水分极少，蔬菜包、调料包更是干得很，完全不是微生物愿意来的地方，所以根本不需要防腐剂，方便面很难腐坏。

但方便面仍然算不上健康食物，因为其中脂肪和盐的比例非常高，营养却很少，尽量少吃，或者在方便面里加点蔬菜、鸡蛋、肉类。

敲黑板冷知识

方便面的诞生

　　方便面的发明者，是一位名叫安藤百福（本名吴百福）的华裔日本人。

　　据说，他的发明想法，源于日本战后粮食紧缺的现象。某天，他看见人们在面摊前排着长队等吃面，他就想日本人如此喜欢面食，有什么方法能随时随地吃呢？于是在1957年，他开始了方便面的研究，但不管用什么办法，都不能让面条在冲水后恢复弹性。

　　某天他看到妻子做天妇罗，油炸排出水分后食物变得很松脆，他突然灵感乍现，对面条采用"油炸干燥法"。果然，面条在炸过后，水分挥发出现细孔，用水一泡果然恢复了弹性。之后，安藤百福于1958年发明了有"魔术之面"之称的鸡汤拉面，这便是最早的方便面，安藤百福也被誉为"方便面之父"。

牛肉为什么会出现绿色？

当你吃酱牛肉时，有没有见过牛肉上发出绿光？

绿色牛肉？这是什么吓人的新口味?!

该不会是病变、腐败变质吧?!

其实这完全没问题，牛肉粗壮的纤维被切开，有了一个超级规则的切面。

不要担心啦！我来吃一口！

这个切面上就会出现类似光盘和孔雀尾巴上显现的光的衍射（"光栅效应"），看起来就好像牛肉发出了绿光。

光的衍射

这不仅没毛病，恰恰还证明牛肉很新鲜。

新鲜

　　这层光膜只会存在于肉的表面，但如果吃到的肉里面还是绿色的，你吃到的可能是一只可怜的"绿巨人"。

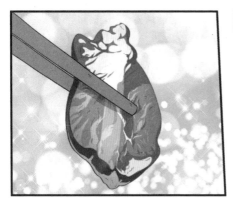 

这也下得去嘴?!嘤嘤嘤!

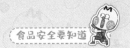

敲黑板冷知识

会跳动的鲜肉

使牛肉发绿的"光栅效应",代表了这块牛肉非常新鲜。然而,另一个代表牛肉新鲜的现象——跳动,更加具有视觉冲击力。

牛刚被宰杀后,肉的中枢神经已经死亡,但是在肌肉周边的神经末梢还没有完全死亡,肌肉里的能量物质三磷酸腺苷(ATP)也没有耗尽。如果这时外界给它刺激,比如切开它,切面的肌肉就会不自觉地产生跳动,仿佛有小虫子在肉下蠕动。这种现象叫作"超生反应"。只要等待一段时间,肌肉中的 ATP 耗尽后,肌肉纤维就会锁死,肉也就不会跳动了。

所以,刚刚屠宰完的肉在跳动,其实并不是有寄生虫,正说明肉很新鲜,距离屠宰的时间很短。

排酸肉排的是什么？

超市里的排酸肉到底排的是什么？

我们吃到的肉分为冷冻肉、鲜肉和排酸肉。

我是冷冻肉，这里好冷啊！

我是鲜肉，但不是小鲜肉！

我是排酸肉，也是小鲜肉！

　　冷冻肉是屠宰后先放入—28℃以下的冷库中冻结，使其中心温度能够低于—15℃，然后在—18℃的环境下冷冻，吃的时候解冻一下。方便是方便，只不过冷冻的过程中，肉细胞里的水分已经流失了，吃起来总是干巴巴的。

这样补水没有用呀！

　　你以为刚刚牺牲的鲜肉最好吗？绝对不是。可怜的猪猪本来无忧无虑，万万没想到将要一命呜呼，这一刻猪猪的心情大起大落！

毛骨悚然大惊失色！！ 惊恐万分 万念俱灰

　　猪猪在挣扎尖叫中被屠宰，身体里会产生大量乳酸。

长跑后乳酸也会遍布全身，浑身酸软，猪猪你就当作完成一生的长跑了吧！

乳酸

含有很多乳酸的猪肉，难免又硬又难吃。

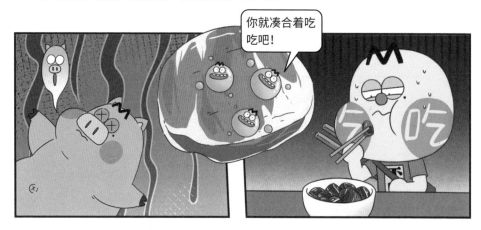

所以排酸肉其实就是在低温保鲜下，让肉中的乳酸自然挥发，这样的肉就会从僵硬变回鲜嫩，排酸肉的口感才是猪肉真正的口感。

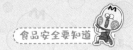

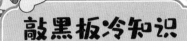

鲜鱼其实也要排酸

　　按照平常的习惯，鱼一定是现杀现做才最好吃。但其实鲜鱼在被宰杀的过程中也会产生酸类物质，影响口感。草鱼、鲢鱼这样的鱼，宰杀后应该立刻冷藏 2 小时，再进行烹饪。

　　而金枪鱼这类运动量超大的海鱼，它们被捕捞后，发达的肌肉会因为缺氧产生大量乳酸，使肌肉纤维变硬，缺乏弹性，必须经过排酸才不会影响口感。想要给这种鱼排酸的话，需要在它没死的时候将血放干，然后将其冷冻起来，这样口感就会变好了。

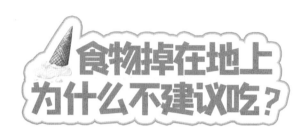

食物掉在地上为什么不建议吃？

你知道"五秒法则"吗？有人说掉在地上的食物，五秒内捡起来还能吃。

可不嘛！自从掌握了这个法则,感觉自己省下了一个亿！

蛋糕掉在马路上,捡起来吃掉!

炸鸡掉在水沟里,捡起来吃掉!

年糕掉在茅坑里,也捡起来吃掉?

其实"五秒法则"是美国芝加哥的一位高中生的猜想，她还因此获得 2004 年的搞笑诺贝尔奖，这个不靠谱的说法也从此流传开来。

2016 年，美国食品微生物学家唐纳德·沙夫纳历时两年，用面包、西瓜、小熊软糖分别在不锈钢板、瓷砖、木地板、地毯上进行了上千次丢下捡起，丢下再捡起的严肃实验。

实验表明，人手的速度远远没有细菌爬上食物的速度快，在食物掉在地上的一瞬间细菌就已经入侵了。

225

即使食物只是掉在地上一秒钟，捡起来吃时，里面可能已经有成千上万的细菌了。

瞎说！俺之前都这么吃，啥毛病没有！

如果运气好，碰到的都是那些弱鸡细菌，刚进入身体就被免疫细胞干掉了；但是如果运气不好，遇到的是强壮有力的不良细菌……

有本事你去单挑那个厉害的细菌呀！打我算什么本事?!

完了，打不过……

当免疫细胞被干掉时，呕吐腹泻都是轻的，可能还会有更严重的后果，所以掉在地上的食物还是丢掉吧！

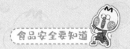

敲黑板冷知识

家中容易藏细菌的几个地方

　　地面每天被人们踩踏，很容易滋生细菌，可家中许多不起眼的地方，也藏着非常多的细菌。

　　（1）门垫：大约 96% 的鞋底上有大肠杆菌。人们每天行走，很容易就会将细菌带到门垫上，使得门垫上的细菌越来越多，所以每隔一段时间最好清洗一次门垫，避免细菌滋生。

　　（2）厨房水槽：厨房水槽有超过 50 万个细菌，是卫生间平均细菌数的 1000 倍。这是因为水槽环境湿润，并且有着不少食物残留，这下细菌的生存环境和食物都集齐了，若不及时清理，细菌就会在隐蔽的缝隙里生长。

　　（3）吸尘器：吸尘器会吸进大量细菌和其喜欢的"食物"。研究发现，13% 的吸尘器上有大肠杆菌，这意味着每次使用时，都可能让吸尘器内的细菌四处扩散，因此吸尘器一定要定时清理。

大米是怎么长出虫子的？

你家的大米有没有莫名其妙地突然就生了虫？

把大米里的小虫子放大看，会发现它长着和大象一样的长鼻子，所以它被称为米象。这个米象简直是毫不利人、专门利己的家伙。

米象

在遥远的水稻田，米象老妈趴在一棵水稻上，把两颗虫卵产在了谷粒里面。

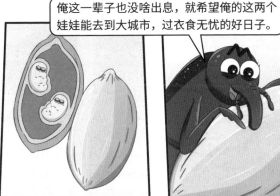

俺这一辈子也没啥出息，就希望俺的这两个娃娃能到大城市，过衣食无忧的好日子。

然后这颗带着虫卵的谷粒，进入到了一包真空大米中，被人买回了家。

妈妈！我们终于到了大城市，我一定会出"虫"头地的！

米象孵化出生的第一件事，就是干掉可能会跟自己抢食物的兄弟姐妹，然后开始在一整包大米里祸害，掏空米粒，在里面生娃。

妹妹，你这是要做什么？

啊！啊！

只能是有我没你！

当你看到大米里有好多米象虫子，准备抓它们的时候，米象还会装死。

别伤害我！看那只米象，它活着呢！抓它！干掉它！

不过米象除了有点烦人，对人体倒是没有什么健康危害。大米里有了米象，淘米的时候一定要丢掉浮起来的米，那些米早就已经被它们掏空了，里面连婴儿床都摆好了！

敲黑板冷知识

大米如何保鲜储藏

首先，控住水分。环境湿度过高时，大米就容易霉变，所以一定要存放在通风处，避免与蔬菜等水分高的食物放在一起。还可以在大米里面放一些干海带，它能够吸出大米中的湿气。

其次，控制温度。粮食害虫对温度的适应性很差，低温下储存大米，就能有效地控制霉变和生虫。用保鲜袋密封大米后，在—4℃的冷冻室内冷冻三天，取出后在室温下存放，能达到40天不生虫。

再次，隔绝空气。米堆中氧气浓度在2%以下时，害虫就能致死，因此可以将大米装入透气性差的塑料袋或塑料箱中。

最后，利用气味。在米堆中放入晾干的花椒叶、柚叶等，也能起到驱虫效果。

糖精 为什么不是糖？

你知道吗？齁甜的糖精被发明出来，居然是因为发明者不好好洗手！

糖精

1878 年，化学家法赫伯格正在和他的老板莱姆森做化学实验。

法赫伯格回到家连手都没洗就直接吃饭，突然发现什么东西放到嘴里都是甜的。

法赫伯格迅速跑回实验室，对着刚刚接触过的每一个瓶瓶罐罐和化学元素，开始一顿尝试！

于是法赫伯格立刻告诉了老板莱姆森。

　　终于，两人从煤焦油中提取出了一种白色晶体，这就是糖精，甜度是蔗糖的 300—500 倍。

正当老板莱姆森准备庆祝的时候，法赫伯格突然离开了实验室，并且悄悄申请了糖精的专利，闷声发大财。

敲黑板冷知识

糖类替代品大盘点

　　糖类吃得太多会导致各种健康问题，食用一些糖类替代品，应该是解馋的最佳选择。

　　（1）甜菊糖：甜菊糖又称甜菊糖苷，是一种从菊科植物中提取的天然甜味剂，味道类似于蔗糖，甜度是蔗糖的250-450倍，热量又仅为蔗糖的1/300，非常健康。

　　（2）木糖醇：木糖醇是一种糖醇，甜度类似蔗糖，是从玉米芯、白桦树等植物原料中提取的天然物质，在许多水果和蔬菜中都能找到。木糖醇的热量与蔗糖相似，并且不会使血糖升高。

　　（3）赤藓糖醇：赤藓糖醇也是一种糖醇，但它的热量更低，约为蔗糖的1/10，味道却几乎和糖一样。而且进入人体的赤藓糖醇不被酶所降解，不会造成脂肪堆积。

为什么要控制糖的摄入？

1000 多年以前，糖传入欧洲，此后欧洲人疯狂迷恋上了糖。

但是在今天，糖好像突然之间成了众矢之的。

　　我们吃的砂糖大多来自蔗糖，但对人体来说，日常吃到的很多食物都是糖的来源，它们中的糖进入身体后会变成葡萄糖。

　　葡萄糖在人体内会被分为几支队伍。

我们日常饮食每天要吃进去很多糖，但一个成年人身体需要的不超过50克。

所以一定要管住嘴，糖（这里指游离糖）摄入过量，不仅会引起肥胖，还会引起很多健康问题。

有人只吃水果，有人拒绝吃肉，有人零糖饮食，都不是那么正确。科学控糖，制订合理的饮食计划，才能保持健康。

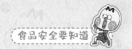

敲黑板冷知识

你知道常食水果的含糖量是多少吗？

　　水果的甜度主要由果糖、葡萄糖和蔗糖决定，其中果糖起主要作用，果糖含量越高，水果就越甜。鲜枣、鲜山楂的含糖量在 20%—25%，荔枝、石榴的含糖量在 14%—19%，梨、樱桃、杏、橙子等水果的含糖量在 8%—13%，西瓜虽然很甜，但充满水分，含糖量只有 4%—12%。

　　有些水果，它的酸度会掩盖甜味，虽然吃起来不甜，含糖量却非常高。比如山楂吃起来口感酸涩，但含糖量高达 25%，火龙果虽然不太甜，但含糖量将近 15%。

　　总之，有的水果不甜，但糖分高；有的水果很甜，但糖分低。小心被迷惑哟！

隔夜水还能喝吗？

关于隔夜水到底能不能喝这个问题······

其实，亚硝酸盐是来自水里本身就有的硝酸盐。

就算这杯水被放置了几天，若能充分保存好，不被污染，里面的亚硝酸盐也远远不会让你中毒。

隔夜水中确实可能有细菌，不过基本都是能和身体和平相处的老朋友了。

除非家里的猫主子趁人不备，在杯子里洗了个爪爪！

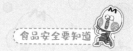

为什么中国人喜欢喝热水，西方人喜欢喝凉水？

其实中国人喝热水的历史没那么悠久，古代时烧热水主要是为了喝茶，很少有人专门去喝热水。等细菌学说传入中国后，政府意识到水作为细菌的载体，很容易进入人体内，但政府又没有足够的条件净化供水，这时人们想起来，将水烧开貌似是杀菌的一个好办法，因此，慢慢地，人们就养成了喝热水的习惯。

而欧美人饮食上以肉类为主，他们的体质较好，喝凉水也没问题。而中国人的肠胃对凉水的反应更加激烈，喝热水正好符合国人的体质。但也要注意，长期喝过热的水可能会引起食道癌，因此一定要注意温度。

我是不白吃

全彩知识漫画

跟着不白吃，让孩子爱上阅读

不白吃美食漫画

关于美食的奇妙知识，
这里都有！

爆笑有趣，开眼界，长知识！

不白吃话山海经

探索山精海怪的神奇世界！笑着笑着就读懂了《山海经》！

2023年"不白吃话山海经"第二季 敬请期待！

我是不白吃，我真是太有文化了！

图书在版编目（CIP）数据

美食的十万个为什么 / 我是不白吃著. -- 长沙：
湖南文艺出版社，2023.7
ISBN 978-7-5726-1173-5

Ⅰ.①美… Ⅱ.①我… Ⅲ.①饮食－文化－中国－通俗读物 Ⅳ.①TS971.2-49

中国国家版本馆CIP数据核字（2023）第111034号

上架建议：畅销 · 漫画作品

MEISHI DE SHIWAN GE WEISHENME
美食的十万个为什么

著　　者：我是不白吃
出 版 人：陈新文
责任编辑：刘雪琳
监　　制：于向勇
策划编辑：刘洁丽
文字编辑：刘春晓　赵　静
营销编辑：时宇飞　黄璐璐　邱　天
装帧设计：利　锐
出　　版：湖南文艺出版社
　　　　　（长沙市雨花区东二环一段 508 号　邮编：410014）
网　　址：www.hnwy.net
印　　刷：北京柏力行彩印有限公司
经　　销：新华书店
开　　本：700 mm×980 mm　1/16
字　　数：200 千字
印　　张：16
版　　次：2023 年 7 月第 1 版
印　　次：2023 年 7 月第 1 次印刷
书　　号：ISBN 978-7-5726-1173-5
定　　价：59.80元

若有质量问题，请致电质量监督电话：010-59096394
团购电话：010-59320018